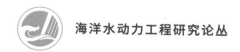
海洋水动力工程研究论丛

Study on the Nonlinear Stochastic
Dynamic Response Characteristics of a
Truss Spar

Truss Spar平台非线性
随机运动响应特性研究

沈文君　唐友刚　耿宝磊　金瑞佳　著

人民交通出版社股份有限公司

北　京

内 容 提 要

本书考虑瞬时排水体积、初稳性高和波面升高的影响,建立了垂荡与纵摇耦合数值计算模型,研究了垂荡与纵摇耦合作用的 Truss Spar 平台的随机动力响应,并运用随机动力学理论对 Truss Spar 平台的纵摇运动进行了研究,最后通过 Fluent 软件的二次开发,研究了不同边缘形式的垂荡板的水动力性能,从根本上改善平台的运动性能。

本书可供海洋工程相关专业研究人员使用。

图书在版编目(CIP)数据

Truss Spar 平台非线性随机运动响应特性研究/沈文君等著. —北京:人民交通出版社股份有限公司,2020.7

　　ISBN 978-7-114-15579-6

　　Ⅰ.①T… Ⅱ.①沈… Ⅲ.①深海—海上石油开采—采油平台—研究 Ⅳ.①TE951

中国版本图书馆 CIP 数据核字(2019)第 199847 号

海洋水动力工程研究论丛
Truss Spar Pingtai Feixianxing Suiji Yundong Xiangying Texing Yanjiu

书　　名:	**Truss Spar 平台非线性随机运动响应特性研究**
著 作 者:	沈文君　唐友刚　耿宝磊　金瑞佳
责任编辑:	崔　建
责任校对:	赵媛媛
责任印制:	刘高彤
出版发行:	人民交通出版社股份有限公司
地　　址:	(100011)北京市朝阳区安定门外外馆斜街 3 号
网　　址:	http://www.ccpcl.com.cn
销售电话:	(010)59757973
总 经 销:	人民交通出版社股份有限公司发行部
经　　销:	各地新华书店
印　　刷:	北京虎彩文化传播有限公司
开　　本:	720×960　1/16
印　　张:	9
字　　数:	173 千
版　　次:	2020 年 7 月　第 1 版
印　　次:	2020 年 7 月　第 1 次印刷
书　　号:	ISBN 978-7-114-15579-6
定　　价:	40.00 元

(有印刷、装订质量问题的图书由本公司负责调换)

前　言

发展海洋经济,建设海洋强国,海洋装备必须先行。中国南海拥有十分丰富的油气资源,素有"第二个波斯湾"之称,据估计其蕴藏石油1050亿桶,天然气2000万亿 m³。Spar 平台已经在美国墨西哥湾深水海域油气开发中得到广泛应用,中国南海与美国墨西哥湾海域的海洋环境较为相似,因此被认为是开发南海油气资源的较佳选择。为了在未来的深水油气开采中取得主动权,应当加快 Spar 平台的相关技术研究的脚步,开发出适用于我国南海深作业的 Spar 平台。

本书针对 Truss Spar 平台在随机波浪作用下的垂荡—纵摇耦合运动特性以及垂荡板的水动力性能进行了研究,为我国南海深水海域油气资源开发提供一定的参考。

本书根据绕射理论,推导了作用在平台主体的波浪荷载,得到了平台主体结构上随机波浪力与海浪谱之间的传递函数,以及垂荡板上的波浪力与海浪谱之间的传递函数。根据 Longuet-Higgins 随机波浪模型,通过线性波浪叠加的方法数值模拟了作用在 Truss Spar 平台上的随机波浪荷载。

考虑瞬时排水体积、初稳性高和波面升高的影响,建立了垂荡与纵摇耦合数值计算模型,研究了垂荡与纵摇耦合作用时的 Truss Spar 平台的随机动力响应。研究结果表明:当波浪特征频率接近 Truss Spar 平台垂荡固有频率或者垂荡与纵摇固有频率之和时,并且在一定的波高条件下,随机参强联合激励会造成平台产生大幅纵摇运动,发生垂荡与纵摇参强耦合运动。由于非线性参数激励项的存在,纵摇运动不再是强迫振动,而为 $1/2$ 亚谐运动。当仅增加垂荡运动阻尼或纵摇运动阻尼时,纵摇自由度的运动都会降低。仅改变纵摇阻尼时,垂荡运动的幅值随着纵摇阻尼的增加逐渐增大,即增大纵摇阻尼会阻止垂荡运动模态的能量向纵摇转移,削弱了垂荡与纵摇之间的耦合作用。联合增加垂荡阻尼和纵

1

摇阻尼是抑制纵摇不稳定现象发生的最有效手段,因此在设计 Truss Spar 平台时,要合理的选取垂荡板的数量和结构形式,合理布置螺旋侧板的螺距以及间距等。

在考虑系泊系统后,研究结果表明可以有效地降低了平台的垂荡运动幅值,即使有效波高较大时,纵摇运动的幅值也大大降低,有效抑制了平台发生大幅纵摇运动。随着有效波高的增加,纵摇频谱图中的 1 倍波浪特征频率的成分逐渐减小,逐步变为 1/2 倍的波浪特征频率,即纵摇运动的固有频率。

本书还应用 CFD 方法,通过对 Fluent 软件的二次开发,分析研究了不同边缘形式的垂荡板的水动力性能,发现了水动力性能与垂荡板结构形式有着很大的关系。提出了削斜技术是改善垂荡板水动力性能的一种有效手段,为设计单位提供了借鉴和参考。

本书的研究成果是团队成员共同努力的结果,在编写和出版过程中,得到了各级领导和同事们的大力支持和帮助,在此谨向他们表示衷心的感谢。

限于作者的水平和经验,本书的错误和疏漏之处在所难免,恳请读者批评指正。

作 者
2019 年 10 月于天津

目　　录

第1章　绪　　论

1.1　引　　言

随着我国经济实力的大大提升,交通等行业发展迅速,人们对石油资源的需求量也飞速增长。由于陆上石油资源的日益枯竭,人们开始在海洋中进行资源的勘探和开采,尤其是在深水和超深水海域中进行石油能源开采。我国在近海和浅海的石油开采已有 40 年的历史,由于开采量的逐步增大,油气资源也已经日渐枯竭,同时随着工业的快速发展,对油气资源的需求量也越来越多。在我国的南海,探明的油气储量大约为 300 亿 t,开发南海石油资源已经列为我国“十二五”的发展战略。由于深海自然环境条件恶劣,因此对深海采油平台的技术设计需求也必须大大地提高[1-3]。在众多的深海采油平台中,Spar 平台凭借其优越的运动特点,成为最具有吸引力和发展潜力的平台形式之一[4]。为了大力发展深海平台装备的技术与开发,我国确定了南海石油开发的主要采油平台形式为 Spar 平台。该种平台包括能够提供浮力的直立大圆筒结构、采油模块和系泊结构。目前,世界上建造了很多座深海 Spar 平台,并且已投产使用。这些 Spar 平台共有的特点如下[5]:

（1）可以应用于水深 3000m 的钻井、石油生产和储存;

（2）上部模块可承担较大的有效荷载;

（3）平台便于建造生产;

（4）油田石油资源开采结束后,平台可以移动到新的工作地点,这样就使得开采较小的深海油田也是经济可行的;

（5）刚性生产立管安装在中央井中心,浮力罐连接在立管上,由于中央井的保护作用,其内部海流运动较小,有利于立管和钻井设备的安全;

（6）降低了系泊缆绳与柔性立管中的张力;

（7）由于平台的重心在浮心的下面,稳定性能很好;

（8）石油储藏的费用较低;

（9）系泊系统便于安装、操作和重新部署,在油田开采结束后,系泊缆绳可以直接去掉,把平台运输到新的油田使用,尤其适合开采地点比较分散的油田。

正是由于这些优点,Spar 平台已成为各国石油公司重点发展的深海采油平台形式之一[6-8]。图 1-1 所示为海洋采油平台从浅水向深水发展变化的过程示意图。

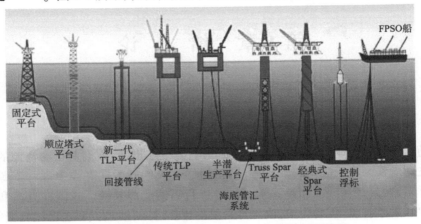

图 1-1　海洋采油平台从浅水向深水发展变化的过程示意图

在墨西哥湾附近,经典式 Spar 平台和桁架式 Spar 平台是两大常见的主体结构形式。目前,我国还没有开始建造自己的深海 Spar 平台。但国外已有多座 Spar 平台投入使用[9],据统计,至今已有 21 座 Spar 平台投产使用。其中,20 座入 ABS 级,另外一座在马来西亚海域,由马来西亚石油公司拥有,入挪威船级社(DNV)级[10]。部分已建的 Truss Spar 平台如图 1-2 所示。

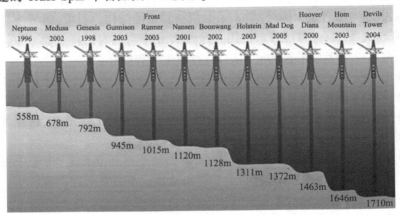

图 1-2　部分已建的 Spar 平台

我国南海海域的油气资源非常丰富,可以开发的油气资源约是 300 亿 t,约是我国油气总量的 1/3,并且其中的大部分位于深海中。但是,我国深海石油开发的技术还不成熟,深水平台的设计在中国还是一个比较匮乏的领域,还需要不断借鉴外来的技术和成熟的经验,我们相信,通过海洋技术人才不懈的努力,中国的南海会得到大力的开发,会给中国带来更多的资源[11]。

现在,我国正在积极研发适合作业南海海域的深海采油平台。目前,作业于南海的"981"标志着我国向深海进军的能力。除了深水半潜式钻井平台,根据国外的深海石油开采的经验,还需要研究制造 Spar 平台,这种平台具有良好的动力稳定性,并且投入资金较少。由于南海的海洋条件参数同墨西哥湾的相似,既然 Spar平台能安全作业于墨西哥湾,则这种平台也适合我国南海深海石油的开采与应用。下面介绍几种 Spar 平台的结构形式,对其结构特点进行研究和总结,从而得出适合我国南海油气资源开发的平台形式。

1.2　Spar 平台的发展介绍

1.2.1　经典式(Classic)Spar 平台

1996 年 Oryx 能源公司在墨西哥湾水深 590m 的 Viosco knoll 826 区块安装了第一座 Spar 油气开发平台 Neptune,标志着第一代经典式 Spar 平台的诞生[12]。

Spar 平台的 3 种结构形式如图 1-3 所示。

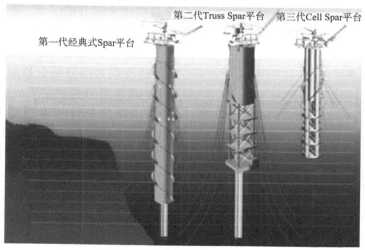

图 1-3　Spar 平台的 3 种结构形式图

注:1ft = 0.3048m

目前已经进行采油作业的 Spar 平台,一般可以分为四部分[13]:上体、主体、系泊系统和生产立管系统,其中前两个部分又可统称为平台本体。

2~4 层的矩形甲板结构组成了 Spar 平台的上体部分,上体结构主要进行钻探以及油井维修等作业,中间位置为井口。图 1-4 为 Spar 平台上体的吊装过程。在上部模块中,包括生活区、油气处理装置以及直升机甲板等,并可以根据开采作业的要求,将钻塔安装在顶层甲板上面,用以石油的钻探、完井以及修井作业[14]。

经典式 Spar(Classic Spar)是最早出现的 Spar 深海采油平台,平台主体从上到下分为硬舱、中段和软舱三部分,主体是一个大直径深吃水的圆柱体结构,如图 1-5 所示。

图 1-4　安装 Spar 平台上体结构　　　图 1-5　经典式 Spar 平台的主体结构

硬舱位于平台主体的上部,为整个 Spar 平台提供主要的浮力。中央井贯穿其中,设置固定浮舱和可变压载舱两部分,为平台提供大部分的浮力,并对平台的浮态进行调整。中段的功能是刚性连接硬舱和软舱两个部分,并保护中央井里面的立管系统不会受到海流力的影响。Spar 平台的压载大部分是由软舱来提供的,其中的舱室可分为固定压载舱和临时浮舱,用来降低平台的重心高度,同时为 Spar 平台"自行竖立"过程提供扶正力矩,图 1-6 为其竖立过程示意图。此外,由于大圆柱壳结构的涡激振动影响特别大,主体外壳上还安装螺旋侧板结构,改善了平台在波流中的运动性能。

图 1-6　经典式 Spar 平台的竖立过程示意图

由于硬舱和软舱之间有一个中间结构,当平台竖立起来以后,这个中间结构受的力是张力,因此这部分结构做得很薄,减轻了重量和平台的造价成本,但是此部分结构很容易屈服,即受到外力后,很容易发生折损的情况。所以平台在安装时,最危险的状况不是平台竖立的过程,而是平台从水平状态到竖立状态这一扶正过程,如果扶正过程操作的时间控制不好,会对 Spar 平台造成极大的破坏[10]。由于上述原因,设计人员将经典式 Spar 平台进行改进,即第二种形式——桁架式 Spar 平台。

1.2.2 桁架式 Truss Spar 平台介绍

Truss Spar 平台是在经典式 Spar 平台基础上进行改进的一种平台[15],见图 1-7,这种平台避免了第一代经典式 Spar 平台在组装、运输和竖立时发生平台折损的危险。2002 年,Ker-McGee 油气公司建成了第一座 Truss Spar 平台 Nansen 平台,作业于 1122m 水深的 East Breaks 602 区块,这标志着第二代 Spar 平台的诞生[1]。

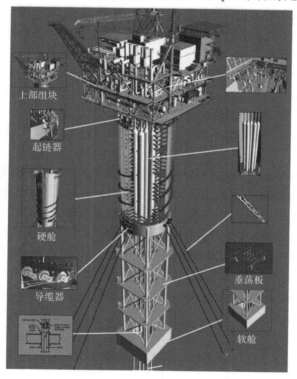

图 1-7　Truss Spar 平台

Truss Spar 平台的主体分为 3 个部分:位于主体上部的硬舱——封闭式圆柱体结构;中段的开放式构架结构;下部的固定压载舱和临时浮舱。封闭式主体主要负责提供浮力;中部为桁架结构,利用垂荡板分为数层,垂荡板与主体及垂荡板之间用 4 根管状构件上下相接,同时用斜撑加强。这个构架结构不但能够提供一定的压载重量,当垂荡运动发生时,垂荡板的上下表面与海水作用,还会产生非常大的黏性阻尼,增加了平台主体的附加质量,进而降低了平台的垂荡固有频率,减少了

5

同波浪发生共振的可能。另外,垂荡板一般都延伸出桁架主体的边沿,构成了侧板结构,可以减少平台的涡激振动的影响。同时,在有横向来流的情况下,Truss-Spar具有较小的拖曳面积,因而产生的拖曳力及相应的缆绳张力都比较小,减小了水平拖曳力、缆绳受力以及平台的运动[15]。

将经典 Spar 平台与 Truss Spar 平台进行对比,发现后者有如下显著优点[16]:

(1)后者的主体重量减少,所用的钢材变少,降低了生产成本;

(2)后者的建造和安装更为简单;

(3)在海流较大的工作环境中,降低了阻力,使横荡位移减小;

(4)具有更小的拖曳面积,降低了系泊缆索的受力;

(5)垂荡板降低了 Truss Spar 平台的垂荡运动,从而减小了立管构件上的疲劳荷载;

(6)Truss Spar 平台吃水降低,因而也可在较浅海域作业;

(7)可以把平台分成几部分,分开干拖运输到安装地点;

(8)钢悬链线立管(SCR)安装灵活,由于桁架部分允许立管通过平台两侧进行安装。

事实证明,Truss Spar 平台的各种性能都比经典式 Spar 平台优越,所以近十几年 Truss Spar 平台发展非常快,仅 2002 年就先后有 3 座 Truss Spar 平台 Nansen、Boomvang 和 Horn Mountain 建成投产,水深达到了 1645m。2003—2005 年的墨西哥湾又有 4 座 Truss Spar 平台下水,远远超过其他浮式平台的发展速度[1]。统计数据表明,至今在役和正在建造的 Spar 平台中 Truss Spar 平台占绝大多数。另外,南海的海洋环境特别恶劣,经常发生台风,平台一定要有良好的动力稳定性。所以,本书重点研究 Truss Spar 平台的水动力性能以及随机海况下的运动特性。

图 1-8 Cell Spar 平台

1.2.3 Cell Spar 平台介绍

2004 年,墨西哥湾 Red Hawk Spar 平台的投产标志着世界上第一座 Cell Spar 平台的建成。该平台是由 Kerr-Mc-Gee 油气公司在美国的德克萨斯州建造的。与前两代的 Spar 平台相比,新型的 Spar 平台降低了钢材耗用量和生产成本,同时也使得建造、运输和安装更为方便,图 1-8 所示为第三代 Cell Spar 平台[12]。

Cell Spar 平台主体也分为 3 部分,即硬舱、中段和软舱。最大的区别是第三代平台的主体并不是一个大型圆柱结构,而是由多个较小的圆柱体结构组合而成。组装时将6个或8个外围的圆柱体结构围绕中心大的圆柱体安装。

随着浮式平台技术的快速发展,出现了越来越多的平台类型。例如,MiniDOC平台是一种最新型的浮式平台,这种平台采用了半潜式平台和桁架式 Truss Spar 平台的设计,既具有 Spar 平台深吃水的特性,又具有半潜式平台小水线面的特性。

1.3 Spar 平台的关键特性研究

世界上在役和建造中的 Spar 平台中,Truss Spar 平台数量最多,是近年来众多石油公司重点发展的深海采油平台之一。从 Spar 平台应用以来,海洋工程界的学者就对它进行了密切的关注,对 Spar 平台的各个组成结构进行了细致的试验和理论研究[17-19]。以下几部分是学者对 Spar 平台的研究热点。

1.3.1 平台主体波浪荷载计算研究

计算海洋结构物受到的波浪荷载,首先需要将结构物分为大尺度构件和小尺度构件,分别采用不同的方法计算。小尺度构件采用莫里森公式计算波浪荷载,大尺度构件采用 Froude-Krylov 理论计算。波浪中的结构所受荷载可由结构物表面压力大小所得。对于小尺度构件,由于其结构表面流动非常复杂,而且其附近生产很多旋涡,很难得出其表面的压力分布,所以小尺度构件一般采用莫里森经验公式计算。然而,如果流动保持在结构表面时则很容易计算出压力场。当结构物的尺寸与波长相比较大时,较易得出表面的压力分布,采用势流理论计算波浪荷载。

正是基于上述理论,按结构物的直径 D 与波长 L_0 的比值不同将其划分成大、小尺度构件。当直径与波长之比小于0.2时,为小尺度构件,采用莫里森公式计算波浪力;当比值大于0.2,小于1.0时,为中等尺度构件,一般采用绕射理论计算波浪荷载;当比值大于1.0时,应该按大尺度构件处理,采用绕射和辐射两个方面研究波浪对结构物的作用[20]。一般情况下,作用在大尺度构件上的波浪周期为 5 ~ 10s,深水中波长的计算公式为 $L_0 = gT^2/2\pi$(T 为波浪周期),通过公式计算可知,Spar 平台主体直径与波长之比大于0.2,应该按大尺度构件计算波浪荷载。

对于大尺度海洋结构物来说,必须同时考虑波浪同结构物的绕射与辐射问题。绕射是指波浪在传播过程中,遇到结构物后,会在结构表面产生向外散射的波,入射波与散射波叠加之后形成一个稳定的波动场,这个波动场对结构的作用就是绕射问题。简单说就是,绕射问题是入射波的波浪场与相对静止的结构间的相互作用问题。辐射问题是在稳定的波浪场中,做振动运动的结构物产生了向外辐射的波动场,这个新形成的波动场与运动的结构物间的相互作用称为辐射问题[12]。

经典式 Spar 平台和 Truss Spar 平台的主体均为圆形横截面的大圆柱结构,其特点是直径较大,与海底无直接接触,通过系泊系统锚固于海底。国内外很多学者对这种大圆柱结构所受的波浪荷载进行了研究。

李玉成等研究了波浪同截断三维圆柱结构的绕射问题,并得到了解析解,同时得到了不同吃水下波浪力以及波浪力矩随水深的变化规律[21]。

1988 年 Williams 等用改进的平面波法求解了浮式柱体的绕射问题[22]。1989 年他又在理论上推导了浮式柱群由于辐射引起的附加质量和附加阻尼等水动力参数,研究了辐射问题对柱群波浪荷载的影响[23]。

1989 年和 1990 年,Kim 和 Yue 采用环状源边界积分方程方法求解对称结构的二阶绕射问题,获得了二阶势及其相关量[24-25]。

1989 年 V. Sundar 等用试验的方法研究了在随机波浪场中有限水深下垂直圆柱体上的水动压力,并与理论解进行了比较[26]。

1994 年 A. Kareem 等研究了垂直圆柱体在深水中的非线性随机绕射问题。将入射波浪场看作一平稳随机过程,利用 Stokes 摄动展开法,得到了柱体一阶及二阶速度势的解析解[27]。

1995 年 Bhatta 等研究了置于有限水深中的浮式直立圆柱体的波浪荷载,得到了入射波浪作用在圆柱体结构上的绕射势和静水中直立圆柱体辐射问题的解析解[28]。

1998 年 Oguz Yilmaz 等在 Williams 的基础上进一步改进了这种方法,采用 Garret 方法求解孤立圆柱体的绕射势和辐射势。将 Spar 平台的主体简化为浮式垂直圆柱来计算平台的附加质量和附加阻尼等水动力系数,利用改进的平面波法,考虑相邻柱体间的遮蔽效应,采用势流理论得到辐射速度势的半解析解[29-30]。

1999 年 Haslum 和 Faltinsen 揭示了 Spar 平台垂荡激励的机理和如何减小垂荡幅值的方法[31]。从设计角度来考虑,可以通过消谐或增加系统阻尼的方式,使垂荡运动的固有频率远离波浪频率的主要范围。

2001 年 Sarkar 等研究了截断圆柱体的散射速度势和辐射速度势,得出了结构的附加质量和阻尼[32]。

2002 年胡志敏、董艳秋等研究了张力腿平台的波浪荷载问题,得到了平台在不同参数下的绕射波浪荷载的解析解[33]。

2003 年柏威、腾斌等利用二阶 time-domain 理论研究了 3D 结构的非线性波浪问题,将速度势用泰勒级数和 Stokes 级数展开,将非线性的瞬时问题变成不随时间变化的在固定域上求解边值的问题,在时域内计算其波浪荷载和水动力系数[34]。

2004 年 Y. Drobyshevski 利用匹配渐近法解析求得极浅海中截断圆柱体的水动

力问题。根据内外域的匹配条件研究了纵摇、纵荡和垂荡三个自由度运动的辐射问题,得出水动力系数[35]。

2005 年 Techet 研究了大直径圆筒的波浪辐射问题,得出波浪力的计算公式[36]。

1.3.2 Spar 平台动力响应研究

Spar 平台作为深海石油开采的重要平台形式之一,自从其诞生后,各国学者对 Spar 平台的运动响应研究进行了广泛地研究。

1997 年 Cao 和 Zhang 提出了一个有效的方法,来预测松弛系泊的细长海洋结构物的慢漂运动,采用 Hybrid 波浪模型考虑结构的波浪荷载。此模型考虑了不规则波浪二阶波陡的相互作用,能够准确预测入射波的动力学特点,包括非线性差频的影响。这种方法的一个独特的特点是,根据实测的波浪升高历程可以确定地获得结构的响应[37]。

1997 年 Ran 和 Kim 研究了系泊的 Spar 平台在规则和不规则波浪中的非线性动力响应特点,他们编制了 Spar 平台耦合非线性运动的时域计算程序,考虑了系泊系统、立管与主体的耦合影响,分别研究静态和动态下的运动响应,将耦合分析的结果同不耦合的结果相比较,探讨系泊系统对主体运动的影响[38]。

同年 Jha 等考虑非线性绕射荷载、慢漂阻尼以及黏滞力等因素的影响作用,得到了一座 Spar 平台的纵荡和纵摇运动响应的解析解,并同试验结果进行了比较[39]。

1998 年 Chitrapu 等在时域内研究了 Spar 平台分别在规则波、随机波浪、双色波和海流作用下的非线性动力特性。该模型考虑了多种非线性因素,利用莫里森公式计算了水动力参数。研究结果表明,通过莫里森方程以及波浪质点动力学和力的准确计算,可以得到 Spar 平台在波频和低频范围内的可靠的运动响应结果[40]。

1999 年 Chitrapu 等又考虑非线性对系统的影响,运用时域理论又针对长峰随机波浪和海流的作用,分析了一大直径 Spar 平台的动力响应。在求解的过程中,考虑了自由表面受力的非线性、运动方程的非线性以及波流相互作用的非线性。研究结果表明,波流的相互作用与波浪能量的定向传播都对预测平台的动力响应方面有着重要的影响[41]。

1999 年 Ran 和 Kim 研究了不规则波浪和海流作用下的 Spar 平台的耦合动力特性,得出了不同设计方案以及不同的环境条件下的动力响应[42]。

2000 年 Berthelsen 研究了一 Truss Spar 平台在波浪中纵荡、垂荡和纵摇三个自由度的动力响应。根据绕射理论得到了平台主体的水动力系数和波浪荷载,Truss 部分的荷载利用莫里森公式计算,同时考虑平台主体所受二阶波浪力的作用,分析研究了不同的垂荡板对平台运动的影响[43]。

　　研究表明,鉴于 Spar 平台固有的振动特性,当发生大幅的垂荡运动时,垂荡运动相当于一个参数激励会对纵摇运动产生非常大的影响。因此,研究纵摇运动响应时需要考虑垂荡—纵摇二者之间的耦合效应。一般采用非线性动力学的理论来研究 Spar 平台的运动响应以及稳定性的问题,这样才能够更准确揭示 Spar 平台的动力学特性,为平台的优化设计和运动的稳定性控制技术提供坚实可靠的理论依据。早在 1974 年,Nayfeh 和 Mook 等就将非线性动力学的理论运用到了船舶与海洋工程领域,他们对船舶的非线性耦合运动进行了数值和理论方面的研究[44-45]。研究表明当波浪频率接近纵摇运动的固有频率时,会发生大幅的横摇不稳定运动。能量从纵摇模态转移到横摇模态,即能量渗透现象(注:前提条件是纵摇固有频率与横摇固有频率之比满足 2∶1 关系)。

　　Jun B. Rho 等在 2002 年和 2003 年针对 1∶400 的模型试验研究了 Spar 平台的运动,平台的模型结构包括了中央井、螺旋侧板和垂荡板等结构。试验结果表明,带有垂荡板和螺旋侧板的平台的垂荡运动大大降低,特别是当垂荡主共振时,运动幅值可降低 50% 之多,同时该试验也发现了 Spar 平台确实存在垂荡与纵摇的非线性耦合作用[46-47]。

　　随着对 Spar 平台的运动特性研究的继续深入,人们发现 Spar 平台还存在 Methieu 不稳定现象和内共振特性[48]。1999 年 Haslum 和 Faltinsen 研究发现大幅垂荡运动可能会引起纵摇的不稳定运动,并且得到了不计纵摇阻尼情况下的马休稳定性图谱[49]。

　　2002 年 Zhang 等人通过试验和数值模拟的方法研究了 Spar 平台垂荡与纵摇耦合运动引起的马修不稳定问题。研究表明,垂荡板和螺旋侧板可减小垂荡运动,并得到考虑纵摇阻尼的马休稳定性图谱[50]。

　　2004 年 Rho. J. B 等研究了 Truss Spar 平台在规则波中的纵摇运动特性,尤其是在垂荡主共振时的稳定性问题,经过推导得出考虑大幅垂荡影响的纵摇马休方程,并获得了马休稳定性图谱[51]。

　　2004 年 Koo 和 Kim 等利用模型试验和数值计算两种方法研究了 Spar 平台的纵摇不稳定运动,并采用级数展开法求解马休方程。研究表明,瞬时的波面也会对运动产生很大的影响;增加纵摇阻尼能大大抑制平台出现大幅运动,避免失稳现象的发生[52]。

　　2005 年 Jun B Rho 等进行了 Spar 平台的试验。试验结果表明,当 Spar 平台发生内共振时(纵摇固有周期为垂荡固有周期的 2 倍时),纵摇运动将会失稳。大幅的垂荡运动将会造成纵摇初稳性高也发生变化,进而导致平台发生失稳。试验结果表明,阻尼虽然不会改变垂荡与纵摇的固有周期比值,但会使不稳定区域减小[53]。

2005 年 Yong-Pyo Hong 等也进行了 Spar 平台的试验研究,针对 4 个 Spar 平台模型分别做了自由衰减试验和规则波下的强迫振动试验。试验结果表明,当规则波的周期接近垂荡固有周期时,纵摇运动会发生失稳现象。此次试验的结果与之前得到的有阻尼马休方程稳定性图谱吻合良好[54]。

2007 年赵文斌研究了系泊张力对垂荡和纵摇运动的影响,并得到了有阻尼马休方程不稳定区域[55]。

2007 年张海燕等采用解析方法分别研究了弱、强参数激励下的 Spar 平台的纵摇的马休不稳定问题。利用变形参数法得到了运动方程的二阶的近似解析解,并得出了有阻尼的纵摇运动的不稳定图。研究结果表明,当方程中有强参数激励作用时,用强非线性理论才会得到准确的结果,而采用常规的摄动法所得的结果误差较大[56-57]。

2009 年 John V. Kurian 等对一座 Truss Spar 平台采用模型试验和数值模拟两种方法进行研究。模型试验测得平台在规则波中纵荡、垂荡和纵摇三个自由度的运动。同时编制 Matlab 程序进行数值模拟,数值结果与模型试验结果吻合良好[58]。

2009—2011 年赵晶瑞等研究了 Spar 平台的垂荡与纵摇运动的耦合内共振特性,并且研究了平台垂荡与纵摇运动的组合内共振特性。研究表明,当出现耦合内共振现象时垂荡运动的能量饱和,多余的垂荡能量将会向纵摇模态转移,造成纵摇不稳定运动的发生。提高系统的阻尼可以缩小零解的不稳定区,提高平台运动的稳定性[59-60]。

1.3.3 垂荡板水动力特性研究

如前所述,Truss Spar 平台突出的特点之一是增加了垂荡板结构。垂荡板为方形板结构,其上有中央井、立管开孔等各种开孔,这些开孔可以安装垂直生产立管等结构,通过圆柱行钢管与主体相连,并由相互交叉的斜撑支持。从结构上看,垂荡板是由几块由加强材和钢板组成的平板结构[12],如图 1-9 所示。

垂荡板的安装大大降低了 Truss Spar 平台的垂荡运动。垂荡板带起结构周围大量的附加水与平台一起运动,即附加水质

图 1-9 垂荡板结构图

量,因而增加了结构的总质量,即增加了垂荡的固有周期(在 22~30s 范围内),远离环境波浪频率(15~20s 的范围内)。

由垂荡板产生的水动力阻尼对降低平台的垂荡运动也是非常有效的。许多理论的研究和试验表明垂荡运动中平台的质量大小为决定性影响因素,拖曳力阻尼次之(Magee 等人,2000),但由于二次项的原因,拖曳力项在极限海况中是最重要的[16]。

经研究发现,主要影响垂荡板水动力性能的因素为以下几个方面[61]:

(1)垂荡板的数目及间距:垂荡板的板数增多,则板间距变小。由于各板相互间存在遮蔽作用,使得垂荡板总体附加质量的增长速度低于板数的增长速度,所以随着板数增多,平均到每一块板上的附加质量反而会变少。也就是说,单纯的增加垂荡板的数目,其效率会有所降低。

(2)板厚及骨材尺寸:阻力是由板的薄边处的旋涡脱落产生的,这是最主要的垂荡阻尼。当板较薄时,垂荡运动中板的上下边缘处出现的旋涡会产生强烈的相互作用,致使旋涡脱落加强,从而使得阻尼增大。这里的"厚度"包括板边缘处骨材的高度。因此,限制板边缘处的厚度和骨材高度,或者将骨材从板边缘内移都是有利的。

(3)板的尺度及开口:在垂荡板上开孔,将会使板与水接触的周长增加,从而产生了更多的旋涡脱落,使得阻尼效果增加。但是开孔板所带动的水比实心板要少,也就是说提供的附加质量会减少,因此对于开孔的形式、布置以及开孔的数目还需要人们进行更多的试验和研究。

因此,垂荡板的大小、板间距和垂荡板的数量是获得平台合适的垂荡固有周期的重要设计参数。

1998 年 Prislin 等人试验研究了不同数量的垂荡板和不同板间距对平台垂荡固有周期的影响。试验结果表明,每个垂荡板的附加质量随着垂荡板板间距的增大而增大,与单个垂荡板的附加质量接近。但每块垂荡板的附加质量随着平台垂荡板总数的增大而略有降低。每块垂荡板的阻力系数基本不变,与垂荡板的总数无关[62]。按照已有的设计经验,在墨西哥湾服役的 Truss Spar 平台的垂荡板数量一般为 2~3 块。

2000 年,Downie 等人对垂荡板的尺度及板上的开口对性能的影响进行了试验研究。对一座 Truss Spar 平台的模型进行了水池试验,分别安装了 4 种类型的水平垂荡板,分别是大尺度打孔板、小尺度打孔板、大尺度实心板和小尺度实心板,其中大尺度板的边沿延伸到桁架式主体之外,而小尺度板则没有。试验获得了模型在垂直方向上的水动力系数,他们发现安装大尺度的、实心的垂荡板模型,其垂荡运动幅度要小于安装小尺度的、打孔的垂荡板的模型,因为前者的附加质量更大、运动固有周期更低。试验的另一个发现是垂荡板如果延伸到构架式主体之外,则可大大提高平台的运动性能,不但可以提高附加质量,而且能够减少涡激振动,在这方面安装打孔垂荡板的效果要好于实心垂荡板的。因此他们提出了一种复合型垂荡板的设想,这种垂荡板的中部为实心板,而四边则为打孔的板结构[63]。

2001 年,Holmes 运用 CFD 的方法,采用最小二乘法,获得了垂荡板的水动力系数,结果与试验结果吻合良好[64]。

2002 年,Huang S. 和 Jun B. Rho 试验研究了 Truss Spar 平台在规则波浪下的垂荡和纵摇运动。试验结果表明:垂荡板能够降低平台的垂荡主共振运动。当发生垂荡主共振时,Truss Spar 平台的运动幅值仅仅为经典式 Spar 平台运动幅值的一半[46]。

2003 年,纪亨腾等人试验研究了单块垂荡板和两块垂荡板的水动力性能,试验得出了水动力系数同雷诺数 Re 和 KC 数之间的关系,并且通过试验发现,当板间距为 1.5 倍的板长度时,垂荡板获得最后的水动力大小[65-66]。

Jun B. Rho 等人在波浪池中进行了 Spar 平台附加和不附加垂荡板的缩尺试验,得到垂荡和纵摇响应,并与数值模拟试验进行比较[47]。

2002 年,Krish P. Thiagarajan 等人研究了不同垂荡板板厚对 Spar 平台的垂荡运动的影响[67]。针对两种板厚($t = 0.475$m 和 $t = 3.048$m)的结构进行研究,发现较薄的垂荡板阻力性能更优越。

2003 年,Lu Roger R. 等人在时域内研究了 Truss Spar 平台垂荡板的强度大小和失效机理,为垂荡板的设计提供了强有力的理论依据[68]。

2005 年,Keyvan Sadeghi 等人采用张量方法计算了垂荡板的水动力系数,简化了求解 Truss Spar 平台的动力响应。研究结果表明,应用此方法求解的结果同传统方法非常接近,证明了这种方法的适用性[69]。

2006 年,张帆等试验研究了不同数目的垂荡板和不同开孔情况的垂荡板对 Cell Truss Spar 平台的影响。结果表明,一般情况下,平台 5 块垂荡板就可满足工程安全需要,并且垂荡板的阻尼随开孔面积先增大后减小[70]。

2007 年,L. Tao 等采用有限差分的方法和数值试验两种方法,分析了不同的板间距对垂荡板的水动力性能的影响,研究结果表明,若 KC 数在一定的范围内,当板间距较小时,板间距与垂荡板的水动力系数之间存在某种关系,同时还发现涡激振动也受板间距的影响[71]。

2009 年,吴维武等用 CFD 理论研究了圆形实板以及不同透空率下垂荡板的水动力特性,研究表明 KC 数较低时,垂荡阻尼随着透空率的增大而增大,透空率为

10% 时,垂荡阻尼达到最大[72]。

2010 年,腾斌等采用高阶边界元方法研究了 Spar 平台垂荡板的水动力系数,计算结果表明,真实流体中垂荡板的附加质量约为势流理论下附加质量计算结果的 1.1 倍,辐射阻尼在垂荡总阻尼中仅占很小比例,垂荡板的阻尼主要由黏性阻尼提供[73]。

目前关于优化垂荡板水动力性能的研究工作还比较少,尤其是如何通过改变垂荡板的形状改善垂荡板水动力性能的研究目前需要进一步展开。本书应用 CFD 方法,通过对 Fluent 软件的二次开发,研究垂荡板运动振幅以及板间距对水动力的影响,并且研究了垂荡板不同边缘形式对水动力性能的影响,这些工作对于完善垂荡板的设计理论和方法具有重要意义。

1.3.4 系泊系统、立管与平台主体耦合研究

系泊下的大型海洋结构物由于具有较大的质量相对较小的系泊回复力,因而固有频率较低,例如 Spar 平台等。所以在波频范围内,Spar 浮式平台的运动响应一般较小。但由于波浪自由表面的非线性特性,波浪组成成分之间的差频作用会产生低频的波浪激励力。虽然非线性的低频波浪力数值较小,但是激励频率接近平台的固有频率,所以结构物会产生大幅低频慢漂运动。研究发现,在固有振动频率附近,阻尼对慢漂运动的幅值有较大的影响。许多研究表明系泊系统产生的阻尼大大降低了系泊海洋结构物的低频慢漂运动[74-78]。研究结果表明,当作业海域的水深增加时,系泊缆索和立管的所受的荷载会随着其长度的增大而增大,对平台的运动稳定性的影响也会越来越大,而不耦合的计算分析方法可能会导致不正确的计算结果。因此,当水深较大时,浮式平台整体系统的耦合动力分析是非常必要和重要的。综上所述,研究系泊结构物的运动响应和所受荷载时,需要考虑结构物与系泊系统之间的耦合作用。

2001 年 M. H. Kim 和 Z. Ran 等在时域内研究了 Truss Spar 平台主体与系泊系统耦合动力响应。考虑了风浪流的影响,一阶和二阶波浪力、附加质量、辐射阻尼和波浪漂移阻尼由二阶辐射绕射水动力程序计算而得。整体的耦合计算采用时域 3D 系泊计算程序,此程序基于广义坐标系下的有限元方法。系泊系统通过广义弹簧和阻尼装置与平台主体进行耦合。计算结果表明平台的动力影响对系泊系统的设计至关重要[79]。

同年 Chen Xiaohong 等用准静态方法(1996 年 Cao,1997 年 Cao 和 Zhang)和耦合动力分析两种方法研究了 Spar 平台与系泊系统的整体运动响应。两种方法在计算平台所受的波浪荷载时是一样的,但是处理系泊系统所受荷载的方法不同。

准静态方法中只考虑静力作用,不考虑动力影响,而动力方法中则考虑了动力的影响。选取 JIP Spar 在 318m 水深时的试验测量数据来验证数值计算正确与否。结果表明,系泊缆索的阻尼降低了 Spar 平台的纵荡慢漂运动和纵摇运动,尤其在深水中这点更为明显。当考虑系泊缆索中的动态张力时,在波频范围内缆索中的张力将会大大增加。当水深为 1018m 时,采用动力方法计算的系缆张力为静态计算结果的 8 倍。这一结果对深水系泊系统的疲劳强度和寿命评估具有重要的影响[80]。

2003 年 W. Raman-Nair 等人研究了柔性海洋立管发生大弹性变形时的三维动力特点。采用集中质量法将立管离散为若干质点,通过拉伸弹簧、转动弹簧以及阻尼器连接,考虑了立管的重力、海底接触力、重力、拉伸和弯曲力、黏性阻力、附加质量力、涡激升力、结构阻尼力以及立管内部液体引起的力等。同时认为,变形主要是由纵向和弯曲振动引起的,不考虑扭转和剪切变形的影响。计算结果表明,海洋立管动中的张力产生的主要因素是立管本身局部大变形和其惯性作用,另外,阻尼对立管张力的大小影响较大[81]。

2005 年张智采用悬链线法,建立了 Spar 平台的系泊系统模型,本模型没有考虑流体对缆索的水动力影响。研究结果得出,系泊系统的回复刚度主要是由系泊系统的预张力决定的,并且发现系泊系统水平预张力的改变会对平台的垂荡和纵荡运动产生明显的影响[82]。

2005 年 Pol D. Spanos 等分别用 Monte-Carlo 方法和线性统计方法对 Spar 平台整体进行了研究,包括平台主体、系泊系统和顶张力立管。顶张力立管的张力由浮力罐提供,由于系泊缆回复力、浮力罐和万向接头之间的摩擦力以及立管和龙骨接头的摩擦力,使得平台这个整体系统是非线性的。Spar 平台与立管之间的摩擦力由库仑阻尼获得,系泊系统的刚度通过对相关荷载和位移进行非线性回归分析得到的。将力和力矩的时间历程代入联合模型中,通过时域分析得到系统的运动响应,然后通过 Monte Carlo 方法得到各响应成分的概率密度和功率谱。结果表明,线性统计的结果与 Monte-Carlo 时域模拟结果相差不大,计算效率高且结果可靠,作为 Spar 设计阶段的有效工具这种方法值得考虑[83]。

2006 年 Y. M. Low 等采用集中质量法分别在时域和频域内对系泊浮体与缆绳以及立管作为整体进行了全耦合数值模拟。结果表明,同时域的计算结果相比,频域的计算结果也能很好预测浮体的运动和缆绳的张力变化。主要原因有以下两点:一是,频域计算时阻力需要线性化处理,但该处理技术既包括对低频力的最佳估计也包括对波频力的最佳估计;二是,在深水中(水深 2000m),缆绳的几何非线性对计算结果的影响不太明显,所以两种方法的计算结果吻合良好[84]。

15

2007 年肖越利用三维频域格林函数法得到浮体的水动力性能,将缆绳离散成三节点的索单元,通过理论推导得到系泊缆绳产生大变形时的非线性刚度矩阵,采用 Newmark 法和 mN-R 法得到了浮体的动力特性。研究结果表明,当缆绳变形较大时,此方法得到的结果更为合理,能更精确预测缆绳的非线性特性[85]。

2008 年张素侠采用数值方法和试验两种方法研究了系泊系统的冲击张力。运用哈密顿原理建立了系泊缆索的三维运动模型,针对缆索松弛、松弛—张紧与张紧三种情况下,采用有限差分法,分别得到了三种情况下系泊缆索的非线性动力特性,探讨了不同因素对冲击张力的影响作用[86]。

2009 年张若瑜以细长杆理论为基础,得到了非线性的细长杆单元刚度矩阵,假设单元内部张力一致,将上述矩阵简化成 12×12 的刚度矩阵。在 ABAQUS 的平台上,开发自定义单元的程序,使得该软件可进行深海多根缆索的系泊分析计算[87]。

2011 年 Mohammed Jameel 等对 Spar 平台主体与系泊系统在规则波作用下进行了非线性全耦合计算分析。采用有限元软件 Abaqus/Aqua 分析了 Spar 平台与系泊系统在规则波中的运动响应,结果表明系泊系统的阻尼对整体系统的计算有着重要的影响[88]。

2014 年,刘利琴等通过数值模拟与模型实验研究了规则波作用下深海 Spar 平台的非线性动力响应特性,以及平台垂荡运动和月池流体之间的相互作用。

2015 年,Yang 等针对 Spar 平台单自由度模型,对非规则波下 Spar 平台参数激励运动做了敏感性分析。

2015 年,刘树晓等考虑了二阶波浪力的影响,研究了 Spar 平台在随机波中垂荡—纵摇非线性耦合运动。

2016 年,韩旭亮等基于三维时域格林函数理论,提出了采用时域物面非线性理论方法直接模拟系泊浮体时域耦合分析所需的水动力,建立了系泊浮体波浪中时域耦合运动数学模型。

2017 年,李伟等在垂荡、横摇和纵摇固有频率接近 2∶1∶1 时的非线性耦合运动现象进行了试验研究,揭示了平台组合共振和内共振等非线性耦合运动规律。

2018 年,徐兴平等分析了多点(8 点和 12 点)系泊情况下的 Spar 平台主体垂荡和纵荡运动响应和系泊缆的张力响应。

2019 年,乔东生等在时域内建立了 Spar 平台与非对称系泊系统的耦合数值模型,研究了平台的运动响应和系泊系统动力特性。

2019 年,许国春等基于细长体水动力模型比较了 Truss Spar 平台在波流联合作用下运动响应预报的三种方法。分别采用波流耦合、速度叠加及力叠加计算了

Truss Spar 平台在波流联合作用下的水动力荷载。研究结果表明,三种方法所预报的垂荡运动响应的大小取决于具体波流参数。

1.4　本书的主要内容

Spar 平台自从问世以来凭借其优良的运动性能和较低的成本,成为深海石油开采的重要平台结构形式之一,其动力响应特性和稳定性问题是 Spar 平台设计的主要考虑因素。本书首先研究 Truss Spar 平台在随机海况下的垂荡与纵摇耦合的运动响应特性,并考虑了系泊缆绳对运动的影响,同时求解了随机垂荡运动和纵摇运动的概率密度函数,研究海况、阻尼等因素对计算结果的影响。由于此种平台在极端海洋环境下,容易发生大幅垂荡和摇摆运动,导致采油系统破坏和失效。控制平台的垂荡运动和摇摆运动技术研究一直受到海洋石油工程领域的关注,而平台的水动力性能对其运动和稳定性有着极其重要的作用,因此对其水动力特性的研究对 Spar 平台的设计具有重要意义。本书还从优化垂荡板结构的水动力性能出发,考虑不同边缘结构形式的垂荡板对水动力性能的影响,得出水动力性能优越的垂荡板结构形式。

第 1 章:整体介绍了 Spar 平台的发展过程和结构形式特点,综述了有关 Spar 平台各方面的研究成果和进展,包括平台主体波浪荷载计算研究、平台动力响应研究、垂荡板水动力性能研究以及系泊系统、立管与平台整体的耦合动力研究。

第 2 章:建立坐标系,考虑随机波面、垂荡和纵摇运动模态对垂荡回复力和纵摇回复力矩的影响,根据刚体动力学理论,建立 Truss Spar 平台两个自由度的随机运动数学模型,并对非线性随机动力学基本方法及理论进行介绍。

第 3 章:计算 Truss Spar 平台的随机波浪荷载。根据绕射理论,推导了作用在平台主体的波浪力谱;根据 Longuet-Higgins 随机波浪模型通过线性波浪叠加法,数值模拟得出平台主体结构上的随机波浪荷载。针对不同的波浪特征周期和有效波高,分别得到平台的垂荡激励力和纵摇激励力。

第 4 章:研究 Truss Spar 平台垂荡运动响应特点,考虑非线性阻尼和瞬时波面的影响,运用 Runge-Kutta 数值迭代算法,比较了不同随机波浪参数对平台运动响应的影响,特别是波浪特征周期接近垂荡固有周期时垂荡运动响应特点。采用路径积分法对 Truss Spar 平台随机垂荡运动的概率密度函数进行求解,比较了不同外激励参数作用时概率密度函数的大小。

第 5 章:研究了 Truss Spar 平台随机垂荡与纵摇耦合动力响应。考虑垂荡与纵摇的耦合关系,以及静稳性和排水体积的变化,包括高阶非线性项以及瞬时波面的影响,建立了 Truss Spar 平台在随机波浪下的垂荡—纵摇耦合运动方程,计算分析了 Truss Spar 平台垂荡—纵摇耦合随机运动响应特性,并且运用随机动力学理论对 Truss Spar 平台纵摇运动的概率密度函数,并探讨研究阻尼参数、波浪参数对概率密度函数的影响。

第 6 章:考虑系泊系统的影响,数值计算了 Truss Spar 平台整体耦合随机动力响应。采用集中质量法建立系泊系统有限元模型,考虑系泊系统所受的环境荷载以及和主体之间的耦合作用,建立平台与系泊系统整体耦合模型,通过 Runge-Kutta 数值迭代算法研究平台整体系统的耦合运动响应,并与未考虑缆绳的结果进行了对比。

第 7 章:研究 Truss Spar 平台垂荡板结构水动力特性。首先对计算流体动力学理论进行简单介绍,然后针对垂荡板结构建立其有限元模型,在 Fluent 软件中进行水动力计算,并对计算结果进行分析。得出不同边缘形式对垂荡板水动力性能的影响,对完善垂荡板的设计理论和方法具有重要意义。

第 8 章:对全书研究工作加以总结,并对未来工作提出展望与建议。

第 2 章 Truss Spar 平台随机运动方程 与随机动力学方法

2.1 引　言

深海平台作业时面临的海洋环境是随机的、非线性的,之前对 Spar 平台的运动稳定性往往是针对规则波进行分析研究的。事实上,平台受到的激励为随机激励项,因此需要考虑随机荷载对 Spar 平台的运动特性进行分析研究。

研究 Spar 平台在随机波浪中的运动响应问题,需要建立合适的坐标系和相应的研究方法。本章采用刚体动力学的理论,推导出了 Truss Spar 平台六个自由度运动的数学模型,并根据本章的研究内容得到了 Truss Spar 平台垂荡和纵摇两自由度的运动方程的数学表达式。另外,本章对随机非线性动力学问题的研究方法也做了简单的介绍。

2.2 运动方程的建立

Truss Spar 平台如图 2-1 所示。结构主要包括:平台上部模块、平台硬舱、桁架结构和系泊系统。研究中忽略以下因素:①平台上部模块的影响;②中央井开口的影响;③螺旋侧板对水动力的影响。研究模型可简化为如图 2-2 所示结构。

考虑 Truss Spar 平台垂荡、横摇、横荡、纵摇、纵荡和首摇六个方向的运动。采用空间固定坐标系、固体坐标系和随体坐标系来描述 Truss Spar 平台的运动。$\hat{o}\hat{x}\hat{y}\hat{z}$ 为空间固定坐标系, $OXYZ$ 为固体坐标系, $oxyz$ 是随体坐标系,如图 2-3 所示。

其中,固体坐标系的原点 O 和随体坐标系的原点 O 点重合,取在结构重心处,固体坐标系的 X、Y、Z 轴分别平行于空间固定坐标系的 $\hat{x}$、$\hat{y}$、$\hat{z}$ 轴,随体坐标系中的 x 轴指向平台艏向, y 轴指向平台的右舷, z 轴垂直向上。规定 x 方向的运动为纵荡, y 方向的运动为横荡, z 方向的运动为垂荡,绕 x 轴的转动为横摇运动,绕 y 轴的转动为纵摇运动,绕 z 轴的转动为首摇运动。随体坐标系 $oxyz$ 和固体标系 $OXYZ$ 之间的转动关系用欧拉角 (ϕ, θ, ψ) 来联系,如图 2-4 所示。

图 2-1　Truss Spar 平台

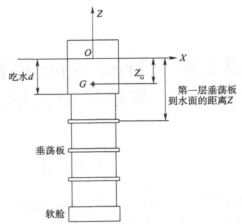

图 2-2　Truss Spar 平台简化示意图

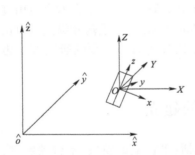

图 2-3　采用的坐标系示意图

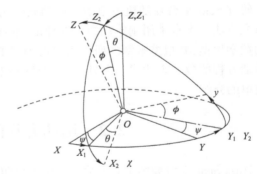

图 2-4　固体坐标系同随体坐标系的转动关系

如图 2-4 所示,在初始时刻固体坐标系和随体坐标系重合,两个坐标系之间的旋转根据右手法则,绕初始轴 Z 轴旋转角度 ψ 可得坐标系 $OX_1Y_1Z_1$;然后绕 Y_1 轴转动角度 θ 可得到坐标系 $OX_2Y_2Z_2$;再绕 X_2 轴转动角度 ϕ,即可得到随体坐标系 $oxyz$。其中 ψ、θ、ϕ 分别为随体坐标系下的首摇、纵摇和横摇的欧拉角。

根据牛顿第二定律,由力的平衡关系,可有如下表达式:

$$
\begin{cases}
\dfrac{\mathrm{d}M_t}{\mathrm{d}t} = F_t \\[2mm]
\dfrac{\mathrm{d}M_g}{\mathrm{d}t} = F_g
\end{cases}
\tag{2-1}
$$

其中, M_t 为刚体平移的动量; F_t 为合外力; M_g 为刚体相对于质心转动的动量

20

矩；F_g 为相对于重心的合外力矩。

刚体平移动量 M_t 和刚体相对于质心转动的动量矩 M_g 又可以表示为：

$$\begin{cases} M_t = m v_g \\ M_g = I_g \omega \end{cases} \tag{2-2}$$

其中，m 为刚体的总质量；v_g 为固定坐标系下刚体重心处的速度；I_g 为随体坐标系 $oxyz$ 下刚体的转动惯量；ω 为刚体在随体坐标系 $oxyz$ 下的瞬时角速度。

用欧拉角来表示瞬时角速度 ω，可写成如下形式：

$$\omega = B \frac{\mathrm{d}\Omega}{\mathrm{d}t} \tag{2-3}$$

其中，$\Omega = (\phi, \theta, \Psi)^{\mathrm{T}}$；$B$ 为刚体瞬时角速度与欧拉角的导数之间的转换矩阵。

$$B = \begin{bmatrix} 1 & 0 & -\sin\theta \\ 0 & \cos\phi & \cos\theta\sin\phi \\ 0 & -\sin\phi & \cos\theta\cos\phi \end{bmatrix} \tag{2-4}$$

所以，$\mathrm{d}\omega / \mathrm{d}t$ 有如下表达式：

$$\frac{\mathrm{d}\omega}{\mathrm{d}t} = \frac{\mathrm{d}\left(B \dfrac{\mathrm{d}\Omega}{\mathrm{d}t} \right)}{\mathrm{d}t} = B \frac{\mathrm{d}^2\Omega}{\mathrm{d}t^2} + C \frac{\mathrm{d}\Omega}{\mathrm{d}t} \tag{2-5}$$

其中，

$$C = \frac{\mathrm{d}B}{\mathrm{d}t} = \begin{bmatrix} 0 & 0 & -\sin\theta\dot{\theta} \\ 0 & -\sin\phi\dot{\phi} & \cos\phi\dot{\phi}\cos\theta - \sin\phi\sin\theta\dot{\theta} \\ 0 & -\cos\theta\dot{\theta} & -\sin\phi\dot{\phi}\cos\theta - \cos\phi\sin\theta\dot{\theta} \end{bmatrix} \tag{2-6}$$

联合式（2-1）和式（2-2），可以得到如下公式：

$$\begin{cases} m\dot{a}_g = F_t \\ I_g \dfrac{\mathrm{d}\omega}{\mathrm{d}t} + \omega \times I_g \omega = F_g \end{cases} \tag{2-7}$$

其中，$\dot{a}_g$ 为刚体的重心在固定坐标系中的加速度。

在空间固定坐标系 $\hat{o}\hat{x}\hat{y}\hat{z}$ 中，刚体重心处的速度和加速度可以分别表示为如下形式：

$$\begin{cases} \dot{v}_g = \omega \times r_g \\ \hat{a}_g = \dfrac{\mathrm{d}\dot{v}_g}{\mathrm{d}t} = \dfrac{\mathrm{d}\omega}{\mathrm{d}t} \times r_g + \omega \times (\omega \times r_g) = \hat{a}_0 + A a_g \end{cases} \tag{2-8}$$

其中，r_g 为在随机坐标系中刚体重心的位移矢量；$\hat{a}_0$ 为原点 o 在固定坐标系中的加速度；矩阵 A 表示随体坐标系与固体坐标系之间的转化关系。

在随体坐标系中，F_g 与 F_0 之间的关系可写成如下形式：

$$F_g = F_0 - r_g \times A^{-1} F_t \tag{2-9}$$

其中，

$$A^{-1} = \begin{bmatrix} \cos\Psi\cos\theta & \sin\Psi\sin\theta & -\sin\theta \\ \cos\Psi\sin\theta\sin\phi - \sin\Psi\cos\phi & \sin\Psi\sin\theta\sin\phi + \cos\Psi\cos\phi & \cos\theta\sin\phi \\ \cos\Psi\sin\theta\cos\phi + \sin\Psi\sin\phi & \sin\Psi\sin\theta\cos\phi - \cos\Psi\sin\phi & \cos\theta\cos\phi \end{bmatrix}$$

联立上式，可得如下方程：

$$\begin{cases} m\hat{a}_0 + mA\left(\dfrac{d\boldsymbol{\omega}}{dt} \times r_g\right) + mA\left[\boldsymbol{\omega} \times (\boldsymbol{\omega} \times r_g)\right] = F_t \\ I_0 \dfrac{d\boldsymbol{\omega}}{dt} + \boldsymbol{\omega} \times I_0\boldsymbol{\omega} + mr_g \times A^{-1}F_t = M_0 \end{cases} \tag{2-10}$$

上述式中：$\hat{a}_0$ ——在空间固定坐标系中刚体的加速度，$\hat{a}_0 = d^2\boldsymbol{\xi}/dt^2$；

$\boldsymbol{\xi}$ ——在空间固定坐标系中刚体的位移，$\boldsymbol{\xi} = (\xi_1, \xi_2, \xi_3)^t$；

$\boldsymbol{\omega}$ ——在随体坐标系中的角速度，$\boldsymbol{\omega} = (\omega_1, \omega_2, \omega_3)^t$；

r_g ——在随体坐标系中重心的位置向量，$r_g = (x_g, y_g, z_g)$；

I_0 ——随体坐标系中刚体的惯性矩；

F_t ——空间固定坐标系中的合外力；

M_0 ——随体坐标系中的合外力矩；

上标 t ——对矩阵转置。

当固体坐标系的原点 O 固定在 Truss Spar 平台的重心处时，前面公式中提到的随体坐标系中的 $r_g = 0$，因此可得到平台的运动方程：

$$\begin{cases} m\dfrac{d^2\boldsymbol{\xi}}{dt^2} = F_t \\ I\dfrac{d\boldsymbol{\omega}}{dt} + \boldsymbol{\omega} \times I\boldsymbol{\omega} = M \end{cases} \tag{2-11}$$

其中，$I = \begin{bmatrix} I_{xx} & I_{xy} & I_{xz} \\ I_{yx} & I_{yy} & I_{yz} \\ I_{zx} & I_{zy} & I_{zz} \end{bmatrix}$。

由于 Truss Spar 平台为对称结构，有如下关系式 $I_{xx} = I_{yy}$，$I_{xy} = I_{xz} = I_{yz} = 0$，进而可得简化后的运动方程：

$$\begin{cases} m\ddot{X}_G = F_X & \text{纵荡} \\ m\ddot{Y}_G = F_Y & \text{横荡} \\ m\ddot{Z}_G = F_Z & \text{垂荡} \\ I_{xx}\ddot{\phi} + (I_{zz} - I_{yy})\dot{\theta}r = M_x & \text{横摇} \\ I_{yy}\ddot{\theta} + (I_{xx} - I_{zz})\phi r = M_y & \text{纵摇} \\ I_{zz}\dot{r} = M_z & \text{首摇} \end{cases} \tag{2-12}$$

其中，$\ddot{X}_G$、$\ddot{Y}_G$、$\ddot{Z}_G$ 为重心在固定坐标系 OX、OY、OZ 轴上的分量；F_X、F_Y、F_Z 为合力在固定坐标系 OX、OY、OZ 轴上的分力；M_x、M_y、M_z 为合力投影在随体坐标系 ox、oy、oz 轴上的力矩。

Truss Spar 平台主体为圆柱体结构，从而使得平台所受的首摇激励力很小，可近似忽略处理即 $r = 0, \dot{r} = 0$。又由于圆柱体 x, y 向的对称性，所以一般在研究 Spar 平台时，只考虑纵荡垂荡和纵摇三个自由度的运动，其运动方程如下所示：

$$\begin{cases} m\ddot{X}_G = F_X & \text{纵荡} \\ m\ddot{Z}_G = F_Z & \text{垂荡} \\ I_{yy}\ddot{\theta} + (I_{xx} - I_{zz})\phi r = M_y & \text{纵摇} \end{cases} \tag{2-13}$$

本章中只考虑了垂荡与纵摇的耦合运动，只需要对上式中的后两个表达式进行求解研究。

2.3　静水回复力和回复力矩的计算

Truss Spar 平台的纵摇回复刚度主要由初稳定高 $\overline{GM}$ 和瞬时排水体积 ∇ 决定的，其垂向回复刚度主要由主体静水回复刚度提供，即由水线面面积决定，系泊系统产生的回复刚度与之相比非常小。当垂荡响应较大时，会使平台的浮心位置发生较大的变化，从而改变初稳定高 $\overline{GM}$ 和瞬时排水体积 ∇ 的值。因此研究 Truss Spar 平台的运动时，必须准确确定平台的回复刚度。本节考虑垂荡—纵摇的耦合作用，推导了垂荡和纵摇运动的回复刚度。

考虑 Truss Spar 平台垂荡与纵摇的耦合运动影响时（图 2-5），平台主体的垂荡静水回复刚度 K_{33} 可表示为：

$$K_{33} = \rho g A_w \left\{ \left[H_g - \xi_3 + \eta(x, t) \right] \frac{1}{\cos \xi_5} - H_g \right\} \tag{2-14}$$

其中，ρ 为海水密度；A_w 为平台水线面的面积；H_g 为平台的重心到静水面的距离；$\eta(x,t)$ 为瞬时波面；ξ_3 为垂荡位移；ξ_5 为纵摇角度。

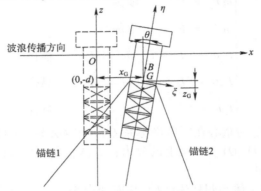

图 2-5 Truss Spar 平台垂荡与纵摇耦合示意图

对于 Truss Spar 平台而言，当考虑大幅垂荡引起初稳性高和排水体积的变化后，新的纵摇回复刚度 K_{55} 重新定义为：

$$K_{55} = \rho g \left\{ \nabla \overline{GM} - \left(\frac{1}{2} \nabla + A_w \, \overline{GM} \right) \xi_3 + \left(\frac{1}{4} \nabla H_g + \frac{1}{2} A_w \, \overline{GM} H_g \right) \xi_5^2 \right\} \quad (2\text{-}15)$$

因此，垂荡运动和纵摇运动可表示为：

$$(m + m_{33}) \ddot{\xi}_3 + B_{31} \dot{\xi}_3 + B_{32} \dot{\xi}_3 |\dot{\xi}_3| + \rho g A_w \left(\xi_3 - \eta - \frac{\xi_5^2}{2} H_g + \frac{\xi_5^2}{2} \xi_3 \right) = F_3 \quad (2\text{-}16)$$

$$(I + I_{55}) \ddot{\xi}_5 + B_{51} \dot{\xi}_5 + B_{52} \dot{\xi}_5 |\dot{\xi}_5| + \rho g \nabla \overline{GM} \xi_5 + \left(\frac{1}{2} \rho g \nabla + \rho g A_w \, \overline{GM} \right) \eta -$$

$$\left(\frac{1}{2} \rho g \nabla + \rho g A_w \, \overline{GM} \right) \xi_3 \xi_5 + \left(\frac{1}{4} \rho g \nabla H_g + \frac{1}{2} \rho g A_w \, \overline{GM} H_g \right) \xi_5^3 = M_5$$

$$(2\text{-}17)$$

对式(2-16)和式(2-17)进行化简，可得：

$$\begin{cases} \ddot{\xi}_3 + a_{11} \dot{\xi}_3 + a_{12} \dot{\xi}_3 |\dot{\xi}_3| + \omega_{30}^2 \xi_3 - a_2 \xi_5^2 - a_3 \eta + a_3 \xi_5^2 \xi_3 = \overline{F}_3 \\ \ddot{\xi}_5 + b_{11} \dot{\xi}_5 + b_{12} \dot{\xi}_5 |\dot{\xi}_5| + \omega_{50}^2 \xi_5 - b_2 \xi_3 \xi_5 + b_2 \eta + b_3 \xi_5^3 = \overline{M}_5 \end{cases} \quad (2\text{-}18)$$

其中，$a_{11} = \dfrac{B_{31}}{m + m_{33}}$；$a_{12} = \dfrac{B_{32}}{m + m_{33}}$；$a_2 = \dfrac{\rho g A_w H_g}{2(m + m_{33})}$；$a_3 = \dfrac{\rho g A_w}{2(m + m_{33})}$；

$\overline{F}_3 = \dfrac{F_3}{m + m_{33}}$；$b_{11} = \dfrac{B_{51}}{I + I_{55}}$；$b_{12} = \dfrac{B_{52}}{I + I_{55}}$；$b_2 = \dfrac{\rho g (\nabla + 2 A_w \, \overline{GM})}{2(I + I_{55})}$；$b_3 = $

$$\frac{\rho g H_g (\nabla + 2A_w \overline{GM})}{4(I + I_{55})} \ ; \ \overline{M}_5 = \frac{M_5}{I + I_{55}} \ 。$$

式中，F_3、M_5 分别为平台的随机垂荡波浪激励力和纵摇随机波浪激励力矩；B_{31}、B_{32}、B_{51}、B_{52} 分别为平台的垂荡辐射阻尼、垂荡黏滞阻尼、纵摇辐射阻尼和纵摇黏滞阻尼。

2.4 非线性随机动力学分析方法

随机动力学近年来都比较受关注，随着理论研究的更加深入，随机动力学的应用范围也越来越广泛，比如在通信、机械、生物工程、航空航天、土木及海洋工程等方面。线性系统的随机动力学理论已于 20 世纪 70 年代趋于成熟。非线性系统的随机动力学方面也有了很多的研究方法[89]。

线性系统的随机动力学问题即线性随机微分方程，计算此类方程比较简单。而非线性系统的随机动力学问题的求解是比较困难的，问题的解析解很难得到。这主要是因为研究线性动力学问题时可以应用叠加原理，而非线性问题都则不可用叠加处理。另外，非线性系统对高斯（Gauss）激励的响应不一定是高斯（Gauss）的，这使得对非线性的随机动力学问题的处理更加复杂。

正如确定性非线性振动不同于线性振动一样，求解非线性系统的随机振动时也有许多区别于线性系统随机振动的特点：

（1）叠加原理不再成立，以叠加原理为基础的杜哈曼积分也随之失效，即

$$y(t) \neq \int_0^{+\infty} h(\tau) f(t - \tau) \mathrm{d}\tau \ 。$$

（2）由杜哈曼积分导出的激励与响应之间的互相关函数也就不再存在。实际上，与确定性振动一样，非线性情况下在某些频率范围内，激励与响应之比是不稳定的，或者说两者不是完全相关的。

（3）由杜哈曼积分和傅立叶变换导出的激励与响应之间的频域关系也不再成立。

（4）由于正态过程的线性叠加才能得到正态过程，因此对于非线性系统来说，正态激励得到的响应将不是正态的。

尽管非线性随机振动的响应分析，由于难度大进展缓慢，但是针对某些具体的、特殊的非线性随机振动问题，研究还是取得了一些成果。目前工程中常用的求解方法有：①FPK（Fokker-Planck-Kolmogorov）方法，又称为 Markov 法；②等效线性化方法；③随机摄动法，又称为小参数法；④级数展开法；⑤蒙特卡洛数字模拟法

（Monte Carlo 法）。下面分别简单介绍以下这几种方法。

2.4.1　福克—普朗克—柯尔莫哥洛夫 FPK（Fokker-Planck-Kolmogorov）方法

若研究的随机振动为马尔可夫随机过程,则可采用 FPK 方程求解随机变量的概率密度函数。近些年来,国内外的学者对求解 FPK 方程进行了很多研究[90-92]。Fokker-Planck-Kolmogorov 方程的瞬态解只能在特定的条件下才能得到,而平稳解的结果相对较易得到。

FPK 法不仅适用于弱非线性系统,而且适用于强非线性系统;不仅适用于平稳激励,而且适用于非平稳激励,不仅适用于非线性刚度系统,而且适用于刚度和阻尼两者都是非线性的系统。FPK 的基本思想和特点是:状态空间为一多维向量,系统的位移向量是其中的分量,当随机激励为白噪声时,此过程时时刻刻的增加量都是独立的,其为一马尔科夫过程;求解 FPK 方程可得到系统的转移概率密度,同时初始概率密度和转移概率密度决定了系统的概率。因此,研究非线性系统受到随机激励后的响应规律,可以通过求解 FPK 方程获得,从而可求得响应的频域和时域信息。

2.4.2　各种近似解法

由于求解 FPK 方程的准确解非常困难,大部分学者采用确定性的非线性振动的理论和计算方法来研究随机的非线性振动问题,得到了几种研究随机微分方程的近似解决方法,如上所述的等效线性化方法、随机摄动法和级数展开法等。

等效线性化方法又叫作统计线性化方法,或者被称作随机线性化方法,常用于工程实际中,来预测非线性系统的随机响应问题。该法的主要思想是将给定的非线性系统用有精确解的线性系统来替代,尽量减少两者之间的误差。

随机摄动法,又称为小参数法,是采用级数求解的方法,是非线性确定系统求解方法的推广。当系统含有的非线性项较弱时,系统的解可近似等价于对应的线性系统的解,用带有小参数 ε 的幂级数的形式表示。根据方程里面的 ε 的相同次幂项前面的系数相等这个条件,列出一系列的方程,然后通过求解这些方程得到此系统的近似解。按照理论可知,方程解的精度随着幂级数取的项数的增加而增加。但是在实际的求解过程中,即便系统受到高斯随机激励,两阶次以上的求解也是非常困难的。因此采用摄动方法求解随机问题时,仅能得到一阶的近似解。鉴于摄动法在求解强非线性的问题时,所得解的精度没有等效线性化方法高,并且计算也比较复杂,所以人们在求解这类问题时较多的采用泛函级数展开的形式,但是这种解法也没有从根本上得到改善。

2.4.3　蒙特卡洛(Monte-Carlo)法

蒙特卡洛(Monte-Carlo)法是一种数学计算方法。在随机振动过程中,蒙特卡洛(Monte-Carlo)法是在计算机上进行随机振动试验的一类概率统计方法,其主旨是采用概率论的原理,通过计算上模拟大量样本近似得到随机系统响应的统计特性,同时响应的统计特性随着样本数量的增加而更加精确。

采用蒙特卡洛(Monte-Carlo)法求解随机问题时,首先需要建立能反映求解问题的概率模型,然后通过随机抽样试验数学得到系统响应的统计特性。运用蒙特卡洛(Monte-Carlo)法求解问题时,一般分为如下几个步骤:

(1)首先生成激励样本,由随机激励的特性决定;

(2)将每一激励样本带入到随机微分方程中数值计算得出响应样本;

(3)重复选取大量样本进行上述计算,从所得的响应样本中,获得各种统计特性,如二阶矩、谱密度等;

此方法适用性较为广泛,若在计算机上可以进行数值模拟就可以采用这种方法。所以,往往采用蒙特卡洛(Monte-Carlo)法处理各种极难复杂问题,同时,此方法也可以验证其他近似随机求解方法精度或是否适用的强有力工具。任何事物都有其两面性,蒙特卡洛方法也不例外。它也存在着很多缺点:①数值计算模拟需要时间较长,获得随机响应的统计特性,需要大量的随机样本;②统计结果的精度呈现随机型,并且统计的不确定误差随着 $1/\sqrt{N}$ 的速度下降(N 为样本数)。所以如若提高计算精度则需增加上百倍的计算时间。

2.5　求解 FPK 方程的方法

2.5.1　随机平均法

振动问题的稳定性问题越来越被人们关注,对于规则周期激励下的动力稳定性人们做了较多的研究,但是关于随机问题的稳定性分析则相对较少。主要原因是对于随机问题的稳定性分析要复杂很多,并且随机稳定性的方法仅对于一些限定情况下的问题适用。大部分方法适用于近似白噪声的随机稳定性问题,已有许多学者进行了这方面的研究。近些年来,人们采用随机平均法研究具有有理功率谱密度的非白噪声激励的随机稳定性问题。这种方法最早于 1962 年由 Landau 和

Stratonovich 提出[104]，1964 年 Khas'minskii 应用此方法研究了高斯白噪声激励问题[105]，1983 年朱位秋应用改进的随机平均法，综合考虑了白噪声激励和非白噪声激励[106]。有学者针对随机激励下的杜芬方程提出另一种修正的随机平均法，即能量包络随机平均法[107-111]。非线性系统在概率域上的响应基本上采用伊藤微分方程和 FPK 方程，对于白噪声激励下的非线性系统，很多学者采用 FPK 方程求解[112-113]。随机平均技术已被许多研究人员广泛用于获取强非线性系统的响应。

由于海洋结构物随机振动本身具有非常明显的非线性特性，所以近年来发展的随机平均适用于此方面的应用，但是针对海洋结构物在随机海况下的运动稳定性的研究较少。例如，海洋顺应式结构、系泊缆索以及铺设作业时的悬跨管线等都有着明显的阻尼非线性和刚度非线性。在海洋结构物发面的应用：1985 年何成慧、陈文良研究了随机参数激励下船舶的横摇运动，采用能量包络统计平均法，通过求解 FPK 方程求得能量包络的概率密度函数，计算得出横摇角幅值的稳态概率密度函数和联合概率密度函数[114]。2006 年，朱位秋等人提出了导管架式海上平台在波浪荷载作用下的非线性随机最优控制技术。采用 JONSWAP 谱，分别确定流体速度和加速度的谱密度函数，波浪荷载根据线性化的莫里森方程求得。应用随机平均法控制系统的维数可以将为原来控制系统维数的一半。研究结果表明，这种控制方法比线性二次 Gauss 控制更为有效[115]。2003 年 Banik、Datta 进行了单腿铰接塔随机运动响应和稳定性研究。考虑了非线性阻尼项、非线性刚度项和参数激励项，随机波浪谱采用 P-M 谱，利用随机平均法和 FPK 方程，获得了随机海况下的稳态概率密度函数。利用范德波变化，将非线性运动方程转换成带有平均漂移系数和扩散系数的伊藤随机微分方程，进而分析研究了系统的渐近稳定性。研究发现：采用随机平均法求得的平稳响应的概率密度同数值模拟的结果吻合良好。此外，在参数激励下，由于水动力阻尼的存在，铰接塔是渐近稳定的[116]。2011 年，他们又针对两点系泊系统在随机波浪下的运动响应和稳定性分析进行了研究。研究结果表明，随机平均法适用于海洋结构物的稳定性分析与研究，文中选取的参数不能满足此系统随机稳态响应稳定性的必要条件，如果系统达到稳定，则必须增加系统的阻尼或者提高系泊系统的刚度[117]。

以下是其理论推导。

（1）考虑非线性无阻尼系统的自由振动，其振动方程如下[118-119]：

$$\ddot{x} + f(x) = 0 \tag{2-19}$$

系统的总能量为：

$$E = \frac{1}{2}\dot{x}^2 + H(x) \tag{2-20}$$

其中，$H(x)$ 是系统的势能，其表达式可写成：

$$H(x) = \int_0^x f(u)\,\mathrm{d}u \tag{2-21}$$

对于稳定的系统，设它在平衡点 $(b,0)$ 邻域 V 内有周期解族：

$$x(t) = a\cos\varphi(t) + b \tag{2-22a}$$

$$\varphi(t) = \Psi(t) + \theta \tag{2-22b}$$

其中，a、b 和 θ 都是常数，a 和 b 的值可通过下式确定：

$$H(a+b) = H(-a+b) = E \tag{2-22c}$$

联合式（2-22a）和式（2-22b），对其求导可得：

$$\dot{x}(t) = -a\frac{\mathrm{d}\Psi}{\mathrm{d}t}\sin\varphi(t) \tag{2-23a}$$

将式（2-22a）、式（2-22b）和式（2-23a）代入式（2-20），可得：

$$\frac{1}{2}a^2\left(\frac{\mathrm{d}\Psi}{\mathrm{d}t}\right)^2\sin^2\varphi(t) + H(a\cos\varphi + b) = H(a+b) \tag{2-23b}$$

即：

$$\left(\frac{\mathrm{d}\Psi}{\mathrm{d}t}\right)^2 = \frac{2[H(a+b) - H(a\cos\varphi + b)]}{a^2\sin^2\varphi(t)} \tag{2-23c}$$

所以：

$$\frac{\mathrm{d}\Psi}{\mathrm{d}t} = \frac{1}{a\sin\varphi}\sqrt{2[H(a+b) - H(a\cos\varphi + b)]} = \beta(a,\varphi) \tag{2-23d}$$

由上面的推导，可知 $\dot{x}$ 可以写成如下形式：

$$\dot{x}(t) = -a\beta(a,\varphi)\sin\varphi(t) \tag{2-23e}$$

$\sin\varphi(t)$ 和 $\cos\varphi(t)$ 被称为广义谐和函数，观察上式可知，$\beta(a,\varphi)$ 为振动的瞬时频率。为了获得平均频率，对 $\beta(a,\varphi)$ 求倒数，并将其展开成 Fourier 级数形式：

$$\frac{\mathrm{d}t}{\mathrm{d}\Psi} = \beta^{-1}(a,\varphi) = c_0(a) + \sum_{n=1}^{\infty} c_n(a)\cos(n\varphi) \tag{2-24}$$

对上式进行积分，可得：

$$t = c_0(a)\Psi + \sum_{n=1}^{\infty} \frac{1}{n}c_n(a)\sin(n\varphi) \tag{2-25}$$

对式（2-25）进一步在一个周期内积分，可得到平均周期：

$$T(a) = 2\pi c_0(a) \tag{2-26}$$

则平均频率为：

$$\omega(a) = \frac{1}{c_0(a)} \tag{2-27}$$

因此,在对时间求平均时,$\varphi(t)$ 可写成如下的近似关系:

$$\varphi(t) \approx \omega(a)t + \theta \qquad (2\text{-}28)$$

基于上面的概念,非线性无阻尼自由振动系统在相平面上围绕平衡点以平均频率[式 2-22a)的形式]做周期运动。

(2)考虑一个受宽带激励(包括参激和外激)的非线性单自由度系统,模型中包含非线性的阻尼和刚度,系统的运动方程可写成如下的形式:

$$\ddot{x} + f(x) = \varepsilon F(x,\dot{x}) + \varepsilon^{\frac{1}{2}} \sum_{i=1}^{n} F_i(x,\dot{x}) \xi_i(t) \qquad (2\text{-}29)$$

其中,ε 为小量,表明 $F(x,\dot{x})$ 和 $F_i(x,\dot{x})\xi_i(t)$ 比较小;$f(x)$ 为非线性回复刚度。对于 ε 小量,即阻尼和外激励较小的情况下,可近似认为系统的运动是周期的,且系统的解可写成式(2-22a)和式(2-22b)的形式,但此时 a、b、φ、Ψ 和 θ 均为随机过程。

$$x(t) = a(t)\cos\varphi(t) + b \qquad (2\text{-}30a)$$

$$\varphi(t) = \Psi(t) + \theta(t) \qquad (2\text{-}30b)$$

$$\dot{x}(t) = -a\beta(a,\varphi)\sin\varphi(t) \qquad (2\text{-}30c)$$

对式(2-30a)关于 t 进行求导,可得:

$$\dot{x}(t) = \dot{a}[\cos\varphi(t) + \bar{h}] - \dot{\varphi}a(t)\sin\varphi(t) \qquad (2\text{-}30d)$$

其中,$\bar{h} = \dfrac{\mathrm{d}b}{\mathrm{d}a} = \dfrac{f(-a+b) + f(a+b)}{f(-a+b) - f(a+b)}$。

令式(2-30c)与(2-30d)相等,显然可得:

$$\dot{a}[\cos\varphi + \bar{h}] + a\sin\varphi\beta(a,\varphi) - \dot{\varphi}a\sin\varphi = 0 \qquad (2\text{-}31a)$$

将式(2-30a)~式(2-30c)代入方程(2-29),对时间 t 求微分,经过一系列的代数运算后可得:

$$-\frac{\dot{a}}{a\beta(a,\varphi)\sin\varphi}[f(a+b)(1+\bar{h}) - f(a\cos\varphi + b)(\cos\varphi + \bar{h})] -$$

$$\frac{\dot{\theta}f(a\cos\varphi + b)}{\beta(a,\varphi)} + f(a\cos\varphi + b) = \varepsilon F[a\cos\varphi + b, -a\beta(a,\varphi)\sin\varphi] +$$

$$\sum_{i=1}^{n} \varepsilon^{\frac{1}{2}} F_i[a\cos\varphi + b, -a\beta(a,\varphi)\sin\varphi]\xi_i \qquad (2\text{-}31b)$$

联立方程(2-31a)和方程(2-31b),可得:

$$\dot{a} = \varepsilon q_1(a,\varphi) + \varepsilon^{\frac{1}{2}} \sum_{i=1}^{n} \sigma_{1i}(a,\varphi)\xi_i \qquad (2\text{-}32a)$$

$$\dot{\theta} = \varepsilon q_2(a,\varphi) + \varepsilon^{\frac{1}{2}} \sum_{i=1}^{n} \sigma_{2i}(a,\varphi)\xi_i \qquad (2\text{-}32b)$$

从上可知,方程(2-29)含有随机参数解的表达式可看作 x , $\dot{x}$ 到 a 和 θ 的范德波变换。

其中,

$$q_1(a,\varphi) = -\frac{a}{f(a+b)(1+\overline{h})}F[(a\cos\varphi+b), -a\beta(a,\varphi)\sin\varphi]\beta(a,\varphi)\sin\varphi$$

$$(2\text{-}33\text{a})$$

$$q_2(a,\varphi) = -\frac{1}{f(a+b)(1+\overline{h})}F[(a\cos\varphi+b), -a\beta(a,\varphi)\sin\varphi]\beta(a,\varphi)\cos\varphi$$

$$(2\text{-}33\text{b})$$

$$\sigma_{1i}(a,\varphi) = -\frac{a}{f(a+b)(1+\overline{h})}F_i[(a\cos\varphi+b), -a\beta(a,\varphi)\sin\varphi]\beta(a,\varphi)\sin\varphi$$

$$(2\text{-}33\text{c})$$

$$\sigma_{2i}(a,\varphi) = -\frac{1}{f(a+b)(1+\overline{h})}F_i[(a\cos\varphi+b), -a\beta(a,\varphi)\sin\varphi]\beta(a,\varphi)\cos\varphi$$

$$(2\text{-}33\text{d})$$

式(2-32a)和式(2-32b)中的随机激励 $\xi(t)$ 的有效带宽取决于 ε 值的大小。如果激励的带宽为 ω ,则有效带宽为 $\omega\varepsilon^{-1}$ 。因此,当 $\varepsilon \to 0$ 时,有效带宽趋于无穷大, $a(t)$ 弱收敛于扩散马尔可夫过程,极限扩散过程的平均伊藤方程为:

$$\mathrm{d}a = u(a)\mathrm{d}t + \sigma(a)\mathrm{d}B(t) \qquad (2\text{-}34)$$

其中, $u(a)$ 和 $\sigma(a)$ 分别为平均漂移系数和扩散系数,其表达式如下:

$$u(a) = \varepsilon \left\langle q_1 + \sum_{k=1}^{n}\sum_{l=1}^{n} \frac{\partial \sigma_{1k}}{\partial a}\bigg|_t \sigma_{1l}\big|_{t+\tau} + \frac{\partial \sigma_{1k}}{\partial a}\bigg|_t \sigma_{2l}\big|_{t+\tau}R_{kl}(\tau)\mathrm{d}\tau \right\rangle \quad (2\text{-}35\text{a})$$

$$\sigma^2(a) = \varepsilon \left\langle \sum_{k=1}^{n}\sum_{l=1}^{n} \sigma_{1k}\,|G_{1l}|_{t+\tau}R_{kl}(\tau)\mathrm{d}\tau \right\rangle \qquad (2\text{-}35\text{b})$$

其中, $\langle \cdot \rangle$ 表示时间平均; $R_{kl}(\tau)$ 为 ξ_l 和 ξ_k 之间的互相关函数。

为了得到平均漂移系数和扩散系数的精确表达式,首先将式(2-32a)和式(2-32b)中的 εq_i 和 $\varepsilon^{\frac{1}{2}}\sigma_{ik}$ 展成如下的傅立叶级数形式。

$$\varepsilon q_i(a,\varphi) = q_{i0}(a) + \sum_{r=1}^{\infty}(q_{ir}^c\cos r\varphi + q_{ir}^s\sin r\varphi) \qquad (2\text{-}36\text{a})$$

$$\varepsilon^{\frac{1}{2}}\sigma_{ik}(a,\theta) = \sigma_{ik0} + \sum_{r=1}^{\infty}(\sigma_{ikr}^c\cos r\varphi + \sigma_{ikr}^s\sin r\varphi) \qquad (2\text{-}36\text{b})$$

其中, $i = 1,2$; $r = 1,2,\cdots,m$ 。

$$q_{ir}^c = \frac{1}{\pi}\int_0^{2\pi}q_i\cos r\varphi\mathrm{d}\varphi \qquad (2\text{-}37\text{a})$$

$$q_{ir}^s = \frac{1}{\pi} \int_0^{2\pi} q_i \sin r\varphi \, d\varphi \tag{2-37b}$$

$$\sigma_{ikr}^c = \frac{1}{\pi} \int_0^{2\pi} \sigma_{ik} \cos r\varphi \, d\varphi \tag{2-37c}$$

$$\sigma_{ikr}^s = \frac{1}{\pi} \int_0^{2\pi} \sigma_{ik} \sin r\varphi \, d\varphi \tag{2-37d}$$

利用式(2-32b)给出的 φ 与 θ 之间的平均关系,并将式(2-36a)和式(2-36b)代入到方程(2-35a)和方程(2-35b)中,完成对 τ 的积分和对时间 t 的平均后,漂移系数和扩散系数的表达式为如下形式:

$$u(a) = q_{10}(a) + \pi \frac{d\sigma_{1k0}}{da} \sigma_{1l0} S_{kl}(0) +$$

$$\frac{\pi}{2} \sum_{r=1}^{\infty} \left\{ \left[\frac{d\sigma_{1kr}^c}{da} \sigma_{1lr}^c + \frac{d\sigma_{1kr}^s}{da} \sigma_{1lr}^s + r(\sigma_{1kr}^s \sigma_{2lr}^c - \sigma_{1kr}^c \sigma_{2lr}^s) \right] \times S_{kl}[r\omega(a)] + \right.$$

$$\left. \left[\frac{d\sigma_{1kr}^c}{da} \sigma_{1lr}^s - \frac{d\sigma_{1kr}^s}{da} \sigma_{1lr}^c + r(\sigma_{1kr}^s \sigma_{2lr}^s + \sigma_{1kr}^c \sigma_{2lr}^c) \right] \times I_{kl}[r\omega(a)] \right\}$$

$$\tag{2-38a}$$

$$\sigma^2(a) = 2\pi \sigma_{1k0} \sigma_{1l0} S_{kl}(0) + \pi \sum_{r=1}^{\infty} \left\{ (\sigma_{1kr}^c \sigma_{1lr}^c + \sigma_{1kr}^s \sigma_{1lr}^s) \times S_{kl}[r\omega(a)] + \right.$$

$$\left. (\sigma_{1kr}^c \sigma_{1lr}^s - \sigma_{1kr}^s \sigma_{1lr}^c) \times I_{kl}[r\omega(a)] \right\} \tag{2-38b}$$

其中,$S_{kl}(\omega)$ 和 $I_{kl}(\omega)$ 分别为互相关函数 $R_{kl}(\tau)$ 实部和虚部的傅立叶变换。

$$S_{kl}(\omega) = \frac{1}{\pi} \int_{-\infty}^0 R_{kl}(\tau) \cos(\omega\tau) \, d\tau \tag{2-39a}$$

$$I_{kl}(\omega) = \frac{1}{\pi} \int_{-\infty}^0 R_{kl}(\tau) \sin(\omega\tau) \, d\tau \tag{2-39b}$$

与平均伊藤方程(2-34)相应的平均 FPK 方程的标准形式如下:

$$\frac{\partial p}{\partial t} = -\frac{\partial}{\partial r}[u(r)p] + \frac{1}{2} \frac{\partial^2}{\partial r^2}[\sigma^2(r)p] \tag{2-40}$$

其中,$p = p(r,t|r_0)$ 为位移幅值的转移概率密度;$u(r) = u(a|_{a=r})$,$\sigma^2(r) = \sigma^2(a|_{a=r})$。FPK 方程的初始条件是:

$$p = \delta(r - r_0), \quad t = 0 \tag{2-41}$$

如果非线性回复力存在,FPK 方程的两个边界条件是 $r = 0$ 和 $r = \infty$。在非零外部激励下,$r = 0$ 是规则边界,当 $r = \infty$ 是奇异边界。假设两个边界条件上概率流为零,则 FPK 方程的稳态解为如下表达式:

$$p(a) = \frac{C}{\sigma^2(a)} \exp\left[\int_0^a \frac{2u(s)}{\sigma^2(s)} ds\right] \qquad (2\text{-}42)$$

其中，C 为归一化常数。假定 a 值确定，$p(a)$ 的值可根据上述一系列的推导求得。一旦 $p(a)$ 已确定，则 $p(x)$ 由下面的公式确定。

根据式(2-22)，当振动幅值最大时，系统总的能量为 $E = H(a+b)$，$a(t)$ 为一随机过程。因此，总能量 E 的概率密度函数可以写成：

$$p(E) = p(a) \left| \frac{da}{dE} \right| \qquad (2\text{-}43)$$

由于，

$$H(x) = \int f(x) dx \Rightarrow \frac{d}{dx} H(x) = f(x) \qquad (2\text{-}44a)$$

所以，

$$\frac{d}{da} H(a+b) = f(a+b) \qquad (2\text{-}44b)$$

或者，

$$\frac{dE}{da} = f(a+b) \Rightarrow \frac{da}{dE} = \frac{1}{f(a+b)} \qquad (2\text{-}44c)$$

将式(2-44c)代入式(2-43)，可得：

$$p(E) = p(a) \left| \frac{da}{dE} \right| = \frac{p(a)}{f(a+b)} \qquad (2\text{-}45)$$

其中，$a+b = H^{-1}(E)$ 是总能量 $E = H(a+b)$ 的反函数。位移 x 和速度 $\dot{x}$ 的联合概率密度可根据 $p(E)$ 进一步获得：

$$p(x, \dot{x}) = \frac{p(E)}{T(E)} \bigg|_{E = \frac{\dot{x}^2}{2} + H(x)} \qquad (2\text{-}46)$$

其中，$T(E)$ 可根据 $T(a) = 2\pi/\omega(a)$ 求得。

从上式可得：

$$p(x) = \int_{-\infty}^{\infty} p(x, \dot{x}) d\dot{x} \qquad (2\text{-}47)$$

2.5.2　路径积分法

求解高维 FPK 方程的另一种方法是路径积分法。对空间和时间二维离散化处理，把对函数的积分看成所经过的路径的和，也就是对每一较短时间的转移概率密度大小求和得到总的转移概率密度，再经过计算得到联合概率密度。下面为路径积分法在求解 FPK 上的应用。

若高斯白噪声作用在一非线性系统,形式如下:

$$\begin{cases} F(Y,\dot{Y},\ddot{Y},t) = G(Y,\dot{Y},t)N'(t) & (t > t_0) \\ Y(t_0) = y_0, \quad \dot{Y}(t_0) = \dot{y}_0 \end{cases} \tag{2-48}$$

式(2-48)的分量形式为:

$$\begin{cases} f_j(Y,\dot{Y},\ddot{Y},t) = g_{jk}(Y,\dot{Y},t)N'_k(t) & (t > t_0) \\ y_j(t_0) = y_{j0}, \quad \dot{y}_j(t_0) = \dot{y}_{j0} & (j = 1,2,\cdots n;k = 1,2,\cdots,m) \end{cases} \tag{2-49}$$

非线性惯性项不存在时,运动方程的形式可写为:

$$\begin{cases} \ddot{Y} + F(Y,\dot{Y},t) = \boldsymbol{G}(Y,\dot{Y},t)N'(t) & (t > t_0) \\ Y(t_0) = y_0, \quad \dot{Y}(t_0) = \dot{y}_0 \end{cases} \tag{2-50}$$

式(2-50)的分量形式为:

$$\begin{cases} \ddot{y}_j + f_j(Y,\dot{Y},t) = g_{jk}(Y,\dot{Y},t)N'_k(t) & (t > t_0) \\ y_j(t_0) = y_{j0}, \quad \dot{y}_j(t_0) = \dot{y}_{j0} & (j = 1,2,\cdots,n;k = 1,2,\cdots,m) \end{cases} \tag{2-51}$$

式(2-50)也可写成一阶方程组的形式:

$$\begin{cases} \dot{Y} = F(Y,t) + \boldsymbol{G}(Y,t)N'(t) & (t > t_0) \\ Y(t_0) = y_0 \end{cases} \tag{2-52}$$

式(2-60)的分量形式为:

$$\begin{cases} \dot{y}_j = f_j(Y,t) + g_{jk}(Y,t)N'_k(t) & (t > t_0) \\ y_j(t_0) = y_{j0} & (j = 1,2,\cdots,n;k = 1,2,\cdots,m) \end{cases} \tag{2-53}$$

上述方程中, $N'(t) = \begin{bmatrix} N'_1(t) & N'_2(t) & \cdots & N'_m(t) \end{bmatrix}^{\mathrm{T}}$ 为 m 维的高斯白噪声,其强度分别为 $D_1,D_2,\cdots,D_m$; $\boldsymbol{Y}(t) = \begin{bmatrix} y_1(t) & y_2(t) & \cdots & y_n(t) \end{bmatrix}^{\mathrm{T}}$ 为 n 维的矢量随机响应的过程; $F = \begin{bmatrix} f_1 & f_2 & \cdots & f_n \end{bmatrix}^{\mathrm{T}}$; $\boldsymbol{G} = \begin{bmatrix} g_{jk} \end{bmatrix}$ 为 $n \times m$ 维的矩阵。

式(2-52)对应的斯氏微分方程为:

$$\begin{cases} \mathrm{d}Y(t) = F(Y,t)\mathrm{d}t + g(Y,t)\mathrm{d}W'(t) \\ Y(t_0) = y_0 \end{cases} \tag{2-54}$$

其中, $W'(t)$ 为维纳过程。其分量形式为:

$$\begin{cases} \mathrm{d}y_j(t) = f_j(Y,t)\mathrm{d}t + g_{jk}(Y,t)\mathrm{d}W'_k(t) \\ y_j(t_0) = y_{j0} & (j = 1,2,\cdots,n;k = 1,2,\cdots,m) \end{cases} \tag{2-55}$$

伊藤积分中的高斯白噪声称为伊藤白噪声,但斯氏随机积分中的高斯白噪声叫作斯氏白噪声或者物理白噪声。白噪声一般为相关时间内极短的理想化的平稳过程。针对一个真实系统的运动方程,应用斯氏方程较为合理。但是,数学方法上研究时常常采用伊藤随机微分方程(简称伊藤方程)。在研究中,一般将斯氏的随机微分方程通过等价变换写成伊藤方程的形式,然后通过两者之间的关系建立FPK方程。

将式(2-54)考虑了 Wong-Zakai 的修正项后,即可得到等价的伊藤方程:

$$\begin{cases} dY(t) = \left[F(Y,t) + \dfrac{1}{2} g(Y,t) \dfrac{\partial}{\partial Y} g(Y,t) \right] dt + g(Y,t) dW'(t) \\ Y(t_0) = y_0 \end{cases} \tag{2-56}$$

式(2-56)的分量形式为:

$$\begin{cases} dy_j(t) = \left[f_j(Y,t) + \dfrac{1}{2} g_{rs}(Y,t) \dfrac{\partial}{\partial Y_r} g_{jk}(Y,t) \right] dt + g_{jk}(Y,t) dW'_k(t) \\ y_j(t_0) = y_{j0} \quad (j = 1,2,\cdots,n; k = 1,2,\cdots,m) \end{cases} \tag{2-57}$$

式(2-56)又可写成如下形式:

$$\begin{cases} dY(t) = r(Y,t) dt + \eta(Y,t) dW(t) \\ Y(t_0) = y_0 \end{cases} \tag{2-58}$$

其中,$W(t)$ 为标准的维纳过程。式(2-58)的分量形式为:

$$\begin{cases} dy_j(t) = r_j(Y,t) dt + \eta_{jk}(Y,t) dW_k(t) \\ y_j(t_0) = y_{j0} \quad (j = 1,2,\cdots,n; k = 1,2,\cdots,m) \end{cases} \tag{2-59}$$

其中,$r_j(Y,t) = \left[f_j(Y,t) + \dfrac{1}{2} g_{rs}(Y,t) \dfrac{\partial}{\partial Y_r} g_{jk}(Y,t) \right]$;$\eta_{jk}(Y,t) = \sqrt{D_k} g_{jk}(Y,t)$。

式(2-59)的转移概率密度的函数满足下列 FPK 方程:

$$\frac{\partial}{\partial t} P_d = - \frac{\partial}{\partial y_j} [a_j(y,t) P_d] + \frac{1}{2} \frac{\partial^2}{\partial y_j \partial y_k} [b_{jk}(y,t) P_d] \quad (j = 1,2,\cdots,n; k = 1,2,\cdots,m) \tag{2-60}$$

其中,$a_j(y,t)$ 为漂移系数;b_{jk} 为扩散系数。伊藤方程和FPK方程中的系数有以下关系:

$$\begin{cases} a_j(y,t) = r_j(Y,t) \big|_{Y=y} \\ b_{jk}(y,t) = [\eta(Y,t)^T \eta(Y,t)]_{jk} \big|_{Y=y} = \sum_{l=1}^{m} \eta_{jl}(Y,t) \eta_{lk}(Y,t) \big|_{Y=y} \end{cases} \tag{2-61}$$

因为激励是白噪声,伊藤方程(2-58)可直接采用路径积分法进行数值求解。把时间 $[t_0, t]$ 分成 N 个区间,离散后的式(2-58)可写成 Euler-Maruyama 的形式:

$$Y(t) = Y(t') + r(Y(t'))\Delta t + \eta(Y(t'))\Delta W(t') \tag{2-62}$$

其中,t 为后面的时刻,t' 为前面的时刻。因为维纳过程的增量是独立的,因此序列 $\{Y(N\Delta t)\}_{N=0}^{\infty}$ 为马尔可夫链。如果时间的间隔 Δt 非常小时,$\{Y(N\Delta t)\}_{N=0}^{\infty}$ 可以近似看作一个马尔可夫过程。

为了计算方便,将式(2-62)中的随机的激励项通过变换都放在最后一个的方程,即可写成如下形式:

$$\eta_{1k} = \cdots = \eta_{(n-1)k} = 0 \quad (k = 1, \cdots, m) \tag{2-63}$$

式(2-58)对应的 FPK 方程的解为其响应的概率密度,表达式如下:

$$P_d(Y, t) = \int_M \cdots \int_M \prod_{l=1}^{N} P_d(Y_l, t_l \mid Y_{l-1}, t_{l-1}) P_d(Y_0, t_0) \mathrm{d}Y_0 \cdots \mathrm{d}Y_{N-1} \tag{2-64}$$

其中,$P_d(Y_l, t_l \mid Y_{l-1}, t_{l-1})$ 为 Δt 间隔内的瞬态转移概率密度函数,$\Delta t = t_l - t_{l-1} \to 0$。对于每一个 t_l 来说,$\Delta W(t_l)$ 为高斯变量,所以转移的概率密度 $P_d(Y, t \mid Y', t')$ 可写成:

$$P_d(Y, t \mid Y', t') = \prod_{j=1}^{n} \delta(y_j - y'_j - r_j(Y')\Delta t) \cdot \tilde{p}(y_n \mid Y', t') \tag{2-65}$$

其中,$\delta(\cdot)$ 表示狄瑞克函数;$Y = (y_1, y_2, \cdots, y_n)^{\mathrm{T}}$ 表达式中的下标为向量的维数;

$$\tilde{p}(y_n, t \mid Y', t') = \frac{1}{\sqrt{2\pi \sum\limits_{k=1}^{m} \eta_{nk}(Y')^2 \Delta t}} \exp\left\{ -\frac{[y_n - y'_n - r_n(Y')\Delta t]^2}{2\sum\limits_{k=1}^{m} \eta_{nk}(Y')^2 \Delta t} \right\} \tag{2-66}$$

可以得出,式(2-66)为退化的概率密度函数,这种方法实际上就是对时间的前向—后向的步进过程,如图 2-6 所示。

如果随机过程为二维的,计算 $P_d(Y, t)$ 采用式(2-64)可将空间进行离散化处理。取网格点 $Y = y = (y_1, y_2)$,沿确定的路径向后积分一步得到点 $y' = (y'_1, y'_2)$,$\Delta t = t - t'$,显然 y' 不是网格点,因此 $P_d(y', t')$ 必须通过插值得到。注意随机摄动仅出现在路径的第二个坐标上,因此依据一定的规则,点 y 的随机摄动的界限取为 $y_A = (y_{1A}, y_{2A})$,$y_B = (y_{1B}, y_{2B})$,将点 y_A, y_B 沿确定路径向后积分一步,得到点 $y'_A = (y'_{1A}, y'_{2A})$ 和 $y'_B = (y'_{1B}, y'_{2B})$,于是确定了式(2-64)的积分上、下限。由于积分变量 y'_1 可用 y_1,y'_2 表示,即 $y_1 = y'_1 + y'_2 \Delta t$,每一步得到的概率密度实际上可写为:

$$p(y,t) = \int_{y'_{2A}}^{y'_{2B}} \frac{p(y_1 - y'_2 \Delta t, y'_2, t')}{\sqrt{2\pi \sum\limits_{k=1}^{m} \eta_{2k}(y_1 - y'_2 \Delta t, y'_2)^2 \Delta t}} \cdot$$

$$\exp\left\{-\frac{y_2 - y'_2 - r_2(y_1 - y'_2 \Delta t, y'_2)\Delta t}{2\sum\limits_{k=1}^{m} \eta_{2k}(y_1 - y'_2 \Delta t, y'_2)^2 \Delta t}\right\} \mathrm{d}y'_2 \qquad (2\text{-}67)$$

经过 N 步转移后,得到系统对应 FPK 方程的概率密度。N 的取值与所研究的系统和初始条件有关。

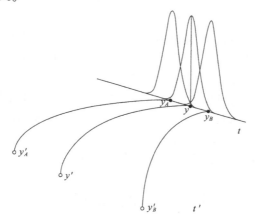

图 2-6　时间的前向—后向的步进过程示意图

2.6　本 章 小 结

本章根据刚体动力学,同时考虑垂荡与纵摇的耦合特性,考虑了浮心的时变特性,建立了 Truss Spar 平台的垂荡与纵摇两自由度的耦合随机运动模型。同时简单介绍了非线性随机动力学的基本理论及几种求解随机问题的数学方法。

第 3 章　Truss Spar 平台随机波浪荷载计算

波浪荷载是 Truss Spar 平台在作业过程受到的主要环境荷载。海浪主要是由风产生的,由于风速以及风向多变,海面附近的风场结构复杂,波面对风场还具有反作用,再加上波浪内部涡动、波面破碎等因素,使得海浪的运动形式非常紊乱没有规则,因此可将波浪看作一类随机过程。大量的事实证明,只有按照随机波来研究海浪,才能正确描述海浪[93]。波浪谱体现了作为随机过程的波浪能量在频域的分布,无论是单纯研究波浪环境,还是针对海洋工程结构物的动力作用方面,谱分析方法都已成为研究随机波浪问题的重要手段。本章根据波浪谱和随机波浪模型,采用绕射理论,推导了随机波浪谱与 Truss Spar 平台所受波浪力谱之间的传递函数,数值模拟了 Truss Spar 平台所受的随机波浪荷载。

3.1　随机波浪模型

3.1.1　Pierson 模型

1952 年,Pierson 将固定点波浪波面位移表示为由许多不同振幅、频率和随机相位组成的简单波动叠加形成的随机过程,其表达形式如下:

$$\eta(t) = \lim_{\substack{\omega_{2r} \to \infty \\ \omega_{2r+2} - \omega_{2r} \to 0}} \sum_{r=0}^{m} \cos[\omega_{2r+1}t + \varepsilon_{2r+1}] \sqrt{A^2 \omega_{2r+1}(\omega_{2r+2} - \omega_{2r})} \qquad (3-1)$$

其中,ε 为在 $(0, 2\pi)$ 上均匀分布的随机相位,其概率密度函数为:

$$f(\varepsilon) = \begin{cases} 1/2\pi & (0 \leqslant \varepsilon \leqslant 2\pi) \\ 0 & (其他) \end{cases} \qquad (3-2)$$

由于 ε 在 $(0, 2\pi)$ 上均匀分布,所以其均值为 0,它的相关函数仅仅依赖于时间的间隔 τ,因此其相关函数可以写成如下形式:

$$R(\tau) = \lim_{\substack{\omega_{2r} \to \infty \\ \omega_{2r+2} - \omega_{2r} \to 0}} \frac{1}{2} \sum_{r=0}^{m} A^2(\omega_{2r+1}^2 \tau)(\omega_{2r+2} - \omega_{2r}) \qquad (3-3)$$

所以 $\eta(t)$ 是一平稳的随机过程。

若上式 $\eta(t)$ 的极限存在,则 $\eta(t)$ 可表示为如下积分的形式:

$$\eta(t) = \int_0^\infty \cos[\omega t + \varepsilon(\omega)] \sqrt{A^2(\omega)\,\mathrm{d}\omega} \tag{3-4a}$$

$$R(\tau) = \int_0^\infty \frac{1}{2} A^2(\omega) \cos(\omega\tau)\,\mathrm{d}\omega \tag{3-4b}$$

经过比较对比可知,$A^2(\omega) = 2S(\omega)$,即 $A^2(\omega)$ 为 2 倍的波浪谱。这样就可以利用谱的方法研究随机波浪的问题。目前,这种方法已成为研究随机波浪问题的主要途径之一。

3.1.2　Longuet-Higgins 模型

Longuet-Higgins 模型是众多描述随机海浪中应用较多的一个数值模型。此模型认为,随机海面可以看作许多个余弦波的叠加,具体表达式如下:

$$\eta(t) = \sum_{r=1}^\infty a_r \cos(\omega_r t + \varepsilon_r) \tag{3-5}$$

其中,a_r 为第 r 个组成波的振幅;ω_r 为第 r 个组成波的频率;ε_r 为第 r 个组成波的相位角,ε_r 在 $(0,2\pi)$ 上均匀分布,所以与 Pierson 模型相同,$\eta(t)$ 的均值也为 0,其相关函数也仅依赖于时间的间隔 τ:

$$R(\tau) = \sum_{r=0}^m \frac{1}{2} a_r^2 \cos\omega_r\tau \tag{3-6}$$

从上面的推导可以看出,Longuet-Higgins 模型同 Pierson 模型一样都是平稳的随机过程。令 $\tau = 0$,可得:

$$\int_0^\infty S(\omega)\,\mathrm{d}\omega = R(0) = \sum_{r=1}^\infty \frac{1}{2} a_r^2 \tag{3-7}$$

从而有如下的结果:

$$\int_\omega^{\omega+\Delta\omega} S(\omega)\,\mathrm{d}\omega = \sum_{r=\omega}^{\omega+\Delta\omega} \frac{1}{2} a_r^2$$

$$S(\omega)\Delta\omega = \sum_{r=\omega}^{\omega+\Delta\omega} \frac{1}{2} a_r^2 \tag{3-8}$$

从式(3-8)可以看出,这种模型不仅较为简单,还可以通过波谱 $S(\omega)$ 与组成波的振幅 a_n 的形式将随机波浪表示出来,数值模拟较为方便,因此这种模型在工程上的应用较为广泛,例如在海洋工程、港口海岸工程等领域常用此方法来数值地模拟随机海面。

3.2　波　浪　谱

在设计船舶或海洋平台时,直接利用作业区域的实测海浪数据统计出来的海浪谱,来估算海洋结构物所受的随机波浪荷载是最好的方法,但是实际测量需要非常长的周期以及大量的数据,时间、财力上都花费较多,比较难以实现。由于现有的海浪谱具有较高的代表性和适用性,因此一般都是用已经归纳得出的、且具有一定波浪参数的海浪谱来分析。本节主要介绍以下几种常用的海浪谱形式。

3.2.1 P-M 谱

P-M 谱是根据北大西洋的实际所测的海浪环境数据,根据统计结果,1964 年 Pierson、Moscowitz 提出了半经验的波浪谱。其表达式如下:

$$S(\omega) = \frac{0.78}{\omega^5}\exp\left(-\frac{3.11}{\omega^4 H_s^2}\right) \tag{3-9}$$

其中,$H_s = 4.0\sqrt{m_0}$ 为海浪的有效波高。由于是依据实测数据得出的,使用较为方便和合理,在海洋工程界应用广泛。但是上式中仅包含一个参数 H_s,因此,对 P-M 谱修正得出 ITTC 双参数谱。

3.2.2 ITTC 双参数谱

1978 年,国际拖曳水池会议在 P-M 谱的基础上得出双参数谱的表达式。

$$\begin{cases} S(\omega) = A\omega^{-5}\exp(-B\omega^{-4}) \\ A = 173H_s^2 T_{0.1}^{-4} \\ B = 691T_{0.1}^{-4} \end{cases} \tag{3-10}$$

其中,$T_{0.1} = 2\pi/\overline{\omega} = 2\pi(m_0/m_1)$ 为由谱矩计算得到的平均周期;m_0、m_1 分别为海浪谱的零阶矩和一阶矩。

3.2.3 JONSWAP 谱

1968—1969 年,美国、英国、德国、荷兰等国家对北海的海浪进行了高精度的测量,对所测数据进行了分析和拟合,得到了 JONSWAP 谱,其表达式如下:

$$S(\omega) = \alpha g^2 \frac{1}{\omega^5}\exp\left[-\frac{5}{4}\left(\frac{\omega_m}{\omega}\right)^4\right]\gamma^{\exp[-(\omega-\omega_m)^2/2\sigma^2\omega_m^2]} \tag{3-11}$$

其中,α 为能量尺度参量;γ 为峰高因子;ω_m 为谱峰频率;σ 为峰形参量。

上式中各参量均随着各谱的变化而变化。平均的 JONSWAP 谱的各参量定义如下:

$$\begin{cases} \gamma = 3.3 \\ \sigma = \begin{cases} 0.07 & (\omega \leqslant \omega_{\mathrm{m}}) \\ 0.09 & (\omega > \omega_{\mathrm{m}}) \end{cases} \\ \alpha = 0.076\,(\overline{X})^{-0.22} \\ \omega_{\mathrm{m}} = 22\left(\dfrac{g}{U}\right)(\overline{X})^{-0.33} \end{cases} \tag{3-12}$$

其中，$\overline{X} = gX/U^2$ 为无因次风区长度，取 $1.0 \times 10^{-1} \sim 1.0 \times 10^5$；$X$ 为风区长度；U 为 10m 高处的风速。

虽然它也是经验谱，但是其符合傅立叶谱的定义，并且其依据的数据比较可靠，JONSWAP 谱也是最常用的海浪谱形式之一。

3.3　平台主体上随机波浪荷载计算

由于 Truss Spar 平台的主体尺寸和形状特征为大尺度构件，计算其受到的波浪荷载不宜采用小尺度构件的计算方法，应该按照绕射理论来求解。波浪在传播的过程中，遇到大尺度构件后会在构件表面产生一个向外的散射波，入射波与散射波叠加后达到稳定时，将形成一个新的波动场，如图 3-1 所示。

xoy 平面固定在静水面上，原点与平台主体截面圆心重合，oz 轴竖直向上。在推导的时候假设流体是均匀、不可压缩的无黏性理想流体，运动为无旋且有势的。波浪场内任意一点的总速度势由入射速度势和结构本身形成的绕射速度势组成，即可写成如下的形式：

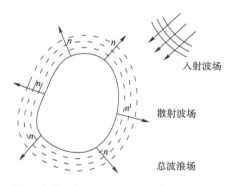

图 3-1　作用在 Truss Spar 平台周围的波浪场

入射波场

散射波场

总波浪场

$$\Phi(x,y,z,t) = \Phi_{\mathrm{I}}(x,y,z,t) + \Phi_{\mathrm{D}}(x,y,z,t) \tag{3-13}$$

假定波浪运动的形式为简谐的，根据微幅波理论，可以将总速度势对时间变量进行分离，写成如下的形式：

$$\Phi(x,y,z,t) = \Phi(x,y,z,t)\mathrm{e}^{-i\omega t} = \left[\Phi_{\mathrm{I}}(x,y,z,t) + \Phi_{\mathrm{D}}(x,y,z,t)\right]\mathrm{e}^{-i\omega t} \tag{3-14}$$

而且，总速度势 $\Phi(x,y,z,t)$ 在整个波浪场内满足以下条件：

拉普拉斯（Laplace）方程：

$$\nabla^2\Phi(x,y,z,t) = 0 \tag{3-15a}$$

自由水面边界条件：

$$\begin{cases} \dfrac{\partial \Phi}{\partial z}\bigg|_{z=0} - \dfrac{\omega^2}{g}\Phi = 0 \\ \omega^2 = gk\tan(kd) \end{cases} \quad (3\text{-}15\text{b})$$

海底边界条件：

$$\dfrac{\partial \Phi}{\partial z}\bigg|_{z=-d} = 0 \quad (\,d\text{ 为水深}\,) \quad (3\text{-}15\text{c})$$

物面条件：在构件表面 $S(x,y,z) = 0$ 处，有：

$$\dfrac{\partial \Phi}{\partial n} = 0 \quad (3\text{-}15\text{d})$$

入射波势 $\Phi_I(x,y,z,t)$ 也满足 Laplace 方程：

$$\nabla^2 \Phi_I(x,y,z,t) = 0 \quad (3\text{-}16\text{a})$$

自由水面边界条件：

$$\begin{cases} \dfrac{\partial \Phi_I}{\partial z}\bigg|_{z=0} - \dfrac{\omega^2}{g}\Phi_I = 0 \\ \omega^2 = gk\tan(kd) \end{cases} \quad (3\text{-}16\text{b})$$

海底边界条件：

$$\dfrac{\partial \Phi_I}{\partial z}\bigg|_{z=-d} = 0 \quad (\,d\text{ 为水深}\,) \quad (3\text{-}16\text{c})$$

所以，入射波势可写为如下形式：

$$\Phi_I = \dfrac{gA}{\omega}\dfrac{\text{ch}[\,k(z+d)\,]}{\text{ch}(kd)}\sin(kx-\omega t) \quad (3\text{-}17)$$

入射波势用复数形式表达可以写为：

$$\Phi_I = \dfrac{gA}{\omega}\dfrac{\text{ch}[\,k(z+d)\,]}{\text{ch}(kd)}e^{i(kx-\omega t)} \quad (3\text{-}18)$$

同时，绕射波的速度势 $\Phi_D(x,y,z,t)$ 也需满足拉普拉斯方程和以下的边界条件：

$$\nabla^2 \Phi_D(x,y,z,t) = 0 \quad (3\text{-}19\text{a})$$

自由水面条件：

$$\dfrac{\partial \Phi_D}{\partial z}\bigg|_{z=0} - \dfrac{\omega^2}{g}\Phi_D = 0\,, \quad \omega^2 = gk\tan(kd) \quad (3\text{-}19\text{b})$$

海底边界条件：

$$\dfrac{\partial \Phi_D}{\partial z}\bigg|_{z=-d} = 0 \quad (\,d\text{ 为水深}\,) \quad (3\text{-}19\text{c})$$

物面条件:在 $S(x,y,z) = 0$ 处,有:

$$\frac{\partial \Phi_{\mathrm{D}}}{\partial n} = -\frac{\partial \Phi_{\mathrm{I}}}{\partial n} \tag{3-19d}$$

绕射波的速度势 $\Phi_{\mathrm{D}}(x,y,z,t)$ 还必须满足离结构物无穷远处的边界条件(Sommer field 条件):

$$\lim_{r \to \infty} \sqrt{r}\left(\frac{\partial \Phi_{\mathrm{D}}}{\partial r} - ik\Phi_{\mathrm{D}}\right) = 0 \quad (r \text{ 为径向距离}) \tag{3-19e}$$

以上公式都是线性绕射问题的基本方程和边界条件。

拉格朗日方程有如下的表达式:

$$\frac{\partial \Phi}{\partial t} + \frac{1}{2}(\nabla \Phi) \cdot (\nabla \Phi) + \frac{p}{\rho} + gz = \frac{p_0}{\rho} \tag{3-20}$$

其中,p_0 为大气压。由于入射波浪采用的是线性微幅波理论,不计空气压力,所以,式(3-20)可写成:

$$\frac{\partial \Phi}{\partial t} + \frac{p}{\rho} + gz = 0 \tag{3-21}$$

若不计静压强,则可得:

$$p = -\rho\,\frac{\partial \Phi}{\partial t} = \omega \rho i \Phi \mathrm{e}^{-i\omega t} = \omega\rho\mathrm{Re}\left[i\Phi\mathrm{e}^{-i\omega t}\right] \tag{3-22}$$

其中,Re 表示对复数表达式求实部的运算。

本章根据上面的理论分析推导得到作用在 Truss Spar 平台主体上的压强,然后对其积分求得作用在主体上的波浪力,进而求得主体上的随机波浪力与海浪谱之间的传递函数。

本章研究的 Truss Spar 平台的半径为 R,入射波沿着 x 轴的正方向传播,如图 3-2 所示建立坐标系,则入射波的速度势可以写为:

$$\Phi_{\mathrm{I}} = \frac{gA}{\omega}\frac{\cosh(kz)}{\cosh(kd)}\mathrm{e}^{i(kx-\omega t)} \tag{3-23}$$

柱坐标系 (r,θ,z) 的原点固定在平台主体底部的中心处,对式(3-23)中的 e^{ikx} 进行坐标变化,得:

$$\mathrm{e}^{ikx} = \mathrm{e}^{ikr\cos\theta} = \cos(kr\cos\theta) + i\sin(kr\cos\theta) \tag{3-24}$$

将上式在柱坐标系中展开为贝塞尔(Bessel)函数的级数形式,即入射波速度势可写成如下形式:

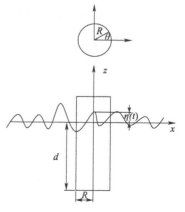

图 3-2 坐标系示意图

$$\Phi_{\mathrm{I}} = \frac{gA\cosh(kz)}{\omega\cosh(kd)}\left[\sum_{n=0}^{\infty}\varepsilon_m i^{n+1}J_n(kr)\cos(n\theta)\right]\mathrm{e}^{-i\omega t} \tag{3-25}$$

其中,A 是入射波的波幅(m);$J_n(kr)$ 是变量为 kr 的第一类 n 阶 Bessel 函数;ω 为入射波的频率;k 为波数,满足色散关系;$\omega^2 = gk\tan(kd)$;ε_m 为 Neumann 常数,$\varepsilon_m = \begin{cases} 1, m = 0 \\ 2, m \neq 0 \end{cases}$。把每阶的 $J_n(kr)$ 乘以 $\cos(n\theta)$ 和 $\mathrm{e}^{-i\omega t}$ 后得到的形式可看作是原点向四周扩散的柱面波,也就是说坐标变化后会将平行波面变成多个柱面波组合而成。当 Truss Spar 平台主体处于波浪中时,由于绕射效应的存在,入射波到达主体上后会产生沿着平台主体法向向外发射的反射波。反射波在平台主体表面有一定的波幅,但是由于波浪的发散作用的存在,在无穷远的地方,波幅接近于 0,满足辐射条件。所以,可以假设绕射势可写成无穷级数形式:

$$\Phi_{\mathrm{D}} = \frac{gA\cosh(kz)}{\omega\cosh(kd)}\left[\sum_{n=0}^{\infty}\Psi_1^{(n)}(r,z)\cos(n\theta)\right]\mathrm{e}^{-i\omega t} \tag{3-26}$$

将绕射势代入拉普拉斯控制方程,可得到如下方程:

$$\frac{\partial^2\Psi_n}{\partial R^2} + \frac{1}{r}\frac{\partial\Psi_n}{\partial R} + \left(k^2 - \frac{m^2}{R^2}\right)\Psi_n = 0 \tag{3-27}$$

上式为 Bessel 方程的形式,根据该方程的特性可知该方程有两个特解:第一类 n 阶 Bessel 函数 $J_n(kr)$ 和第二类 n 阶 Bessel 函数 $Y_n(kr)$。由线性代数知识可知,上述两个特解线性叠加之后仍为原方程的解,即:$H_n(kr) = J_n(kr) + iY_n(kr)$,其中 $H_n(kr)$ 为第一类 n 阶 Hankel 函数。

同入射波势相同,也可将绕射速度势在柱坐标系中展开为贝塞尔(Bessel)函数的级数形式:

$$\Phi_D = \frac{gA\cosh(kz)}{\omega\cosh(kd)}\left[\sum_{n=0}^{\infty}\varepsilon_n i^{n+1}B_nH_n(kr)\cos(n\theta)\right]\mathrm{e}^{-i\omega t} \tag{3-28}$$

由上述公式可知,总的速度势可写为:

$$\begin{aligned}
\Phi &= \Phi_{\mathrm{I}} + \Phi_{\mathrm{D}} \\
&= \frac{gA}{\omega}\frac{\cosh(kz)}{\cosh(kd)}\left\{\sum_{n=0}^{\infty}\varepsilon_n i^{n+1}J_n(kr)\cos(n\theta) + \sum_{n=0}^{\infty}\varepsilon_n i^{n+1}B_nH_n(kr)\cos(n\theta)\right\}\mathrm{e}^{-i\omega t}
\end{aligned} \tag{3-29}$$

其中,B_n 为一待定系数,根据柱面边界条件可知:$\left.\dfrac{\partial\Phi}{\partial n}\right|_{r=R} = 0$,即:

$$\left.\frac{\partial\Phi}{\partial R}\right|_{r=R} = \frac{gA}{\omega}\frac{\cosh(kz)}{\cosh(kd)}\left\{\sum_{n=0}^{\infty}\varepsilon_n i^{n+1}[J'_n(kR) + B_nH'_n(kR)]\cos(n\theta)\right\}\mathrm{e}^{-i\omega t} = 0$$

$$\tag{3-30}$$

其中，$J'_n(kR)$、$H'_n(kR)$ 为函数对变量 kR 的一阶导数，由于 $\cos(n\theta)$ 不恒等于零，式（3-30）恒为零的话，可得 $J'_n(kR) + B_n H'_n(kR) = 0$，即 $B_n = -\dfrac{J'_n(kR)}{H'_n(kR)}$，即：

$$\Phi = \frac{gA\cosh(kz)}{\omega\cosh(kd)}\left\{\sum_{n=0}^{\infty}\varepsilon_n i^{n+1}\left[J_n(kr) - \frac{J'_n(kR)}{H'_n(kR)}H'_n(kr)\right]\cos(n\theta)\right\}\mathrm{e}^{-i\omega t} \quad (3\text{-}31)$$

当速度势确定后，可根据线性化伯努利方程确定 Truss Spar 平台主体任一点压强。

$$p = -\rho\left.\frac{\partial\Phi}{\partial t}\right|_{r=R}$$

$$= \rho gA\frac{\cosh(kz)}{\cosh(kd)}\left\{\sum_{n=0}^{\infty}\varepsilon_n i^{n+1}\left[J_n(kr) - \frac{J'_n(kR)}{H'_n(kR)}H'_n(kr)\right]\cos(n\theta)\right\}\mathrm{e}^{-i\omega t} \quad (3\text{-}32)$$

$$J_n(x) = \sum_{k=0}^{\infty}\frac{(-1)^k}{k!\,\Gamma(n+k+1)}\left(\frac{x}{2}\right)^{n+2k}$$

$$Y_n(x) = \frac{1}{\sin(n\pi)}\left[J_n(x)\cos(n\pi) - J_{-n}(x)\right] = \frac{\cos(n\pi) - (-1)^n}{\sin(n\pi)}J_n(x)$$

$$J'_n(x) = \frac{1}{2}\sum_{k=0}^{\infty}\frac{(-1)^k(n+2k)}{k!\,\Gamma(n+k+1)}\left(\frac{x}{2}\right)^{n+2k+1}$$

$$Y'_n(x) = \frac{\cos(n\pi) - (-1)^n}{\sin(n\pi)}J'_n(x)$$

将压力沿着湿表面进行积分，可得到作用在平台主体上的纵荡力：

$$F_X = \iint_S pn_x\,\mathrm{d}S = -\int_0^{2\pi}\int_{-d}^0 pa\cos\theta\,\mathrm{d}z\mathrm{d}\theta$$

$$= \frac{4\rho gA}{k^2}\tanh(kd)\frac{1}{\sqrt{[J'_1(kR)]^2 + [Y'_1(kR)]^2}}\cos(\omega t - \alpha) \quad (3\text{-}33)$$

其中，$\cosh(kz) = \dfrac{\mathrm{e}^{kz} + \mathrm{e}^{-kz}}{2}$；$\cosh(kd) = \dfrac{\mathrm{e}^{kd} + \mathrm{e}^{-kd}}{2}$；$\tanh(kd) = \dfrac{\mathrm{e}^{kd} - \mathrm{e}^{-kd}}{\mathrm{e}^{kd} + \mathrm{e}^{-kd}}$；

$\alpha = \arctan\left[\dfrac{J'_1(kr)}{Y'_1(kr)}\right]$。

作用在平台重心处的纵摇激励力矩可以通过对纵荡激励力与该点到平台重心距离的乘积从平台底部到静水面沿着主体的轴线积分获得，纵摇力矩可表示为：

$$M_y = \int_{-d}^{0} \frac{4\rho g A}{k^2} \frac{\cosh(kz)}{\cosh(kd)} \frac{1}{\sqrt{[J'_1(kR)]^2 + [Y'_1(kR)]^2}} \cos(\omega t - \alpha)(z_G - z)\mathrm{d}z$$

$$= \frac{4\rho g A}{k^2} \frac{1}{\cosh(kd)} \frac{1}{\sqrt{[J'_1(kR)]^2 + [Y'_1(kR)]^2}} \cdot$$

$$\cos(\omega t - \alpha) \int_{-d}^{0} \cosh(kz)(z_G - z)\mathrm{d}z$$

$$= \frac{4\rho g A}{k^3} \frac{1}{\cosh(kd)} \frac{kz_G\sinh(kd) + kd\sinh(kd) - \cosh(kd) + 1}{\sqrt{[J'_1(kR)]^2 + [Y'_1(kR)]^2}} \cos(\omega t - \alpha)$$

$$(3\text{-}34)$$

垂荡力的计算根据 Weggel 和 Roesset(1994)的推导[94]，文献中指出作用在垂直截断柱体上的垂荡绕射力可以用 Froude-Krylov 力乘以一个绕射系数得到。

Froude-Krylov 力 $F_{FK,z}$ 可以用流体动压力在圆柱体底面积分获得：

$$F_{FK,z} = \int_{Sb} p_h \mathrm{d}s$$

$$= \rho g H e^{-kd} \int_{0}^{R} \int_{0}^{\pi} \cos(kr\cos\varphi)r\mathrm{d}\varphi\mathrm{d}r\cos(\omega t - \alpha_2)$$

$$= \rho g H \pi R^2 \left[\frac{J_1(kR)}{kR}\right] e^{-kd}\cos(\omega t - \alpha_2) \qquad (3\text{-}35)$$

因此作用在 Spar 平台主体上的垂荡波浪激励力可以表示为：

$$F_z = \rho g H \pi R^2 \left[1 - \frac{1}{2}\sin(kR)\right]\left[\frac{J_1(kR)}{kR}\right] e^{-kd}\cos(\omega t - \alpha_2)$$

$$= 2\rho g A \pi R^2 \left[1 - \frac{1}{2}\sin(kR)\right]\left[\frac{J_1(kR)}{kR}\right] e^{-kd}\cos(\omega t - \alpha_2) \qquad (3\text{-}36)$$

其中，$\alpha_2 = 31.0\frac{\pi}{180}(kR)^{1.3}$。

在研究随机波浪问题时，一般假定波浪与海洋结构物组成的系统为平稳线性系统。通过传递函数和波浪谱来确定海洋结构物的波浪力谱。由于本章只考虑垂荡与纵摇的运动响应，所以下文只分析垂荡波浪激励力和纵摇波浪激励力矩。垂荡波浪力谱与波浪谱的传递函数为：

$$|T_{Fz}|^2 = \left\{2\rho g \pi R^2 \left[1 - \frac{1}{2}\sin(kR)\right]\left[\frac{J_1(kR)}{kR}\right] e^{-kd}\right\}^2 \qquad (3\text{-}37)$$

所以垂荡波浪力谱为：

$$S_F = |T_{Fz}|^2 S_\eta(\omega) \qquad (3\text{-}38)$$

纵摇波浪力矩与波浪谱的传递函数为：

$$|T_{My}|^2 = \left\{ \frac{4\rho g}{k^3} \frac{1}{\cosh(kd)} \frac{kz_G\sinh(kd) + kd\sinh(kd) - \cosh(kd) + 1}{\sqrt{[J'_1(kR)]^2 + [Y'_1(kR)]^2}} \right\}^2$$

$$(3-39)$$

根据随机过程的相关知识可知,作用在 Truss Spar 平台主体上的垂荡波浪激励力的随机函数为:

$$F_z(t) = 2\rho g\pi R^2\left[1 - \frac{1}{2}\sin(kR)\right]\left[\frac{J_1(kR)}{kR}\right]e^{-kd}\eta(t) \qquad (3-40)$$

作用在 Truss Spar 平台主体上的纵摇波浪力矩随机函数为:

$$M_y(t) = \frac{4\rho g}{k^3} \frac{1}{\cosh(kd)} \frac{kz_G\sinh(kd) + kd\sinh(kd) - \cosh(kd) + 1}{\sqrt{[J'_1(kR)]^2 + [Y'_1(kR)]^2}}\eta(t)$$

$$(3-41)$$

3.4　Truss Spar 平台垂荡板结构随机波浪荷载计算

对于垂荡板结构,很难准确地计算出作用在其上的波浪力,尤其是打孔的垂荡板使得流动形式更加复杂。为了简化问题,可以假设垂荡板结构是实心方板。由于垂荡板的安装位置远低于静水面,所以拖曳力也忽略不计。同时垂荡板引起纵摇力矩也很小,可以忽略。

作用在垂荡板结构上的最主要的波浪力为垂向加速度力。在水深 $z = z_1$ 处,宽为 B_{plate} 的实心方形垂荡板所受的垂向波浪力为:

$$F_z^{plate} = M\dot{U}_z \qquad (3-42)$$

其中,$\dot{U}_z$ 为垂荡板的中心位置处流体的垂向加速度,$\dot{U}_z = -\frac{1}{2}H\omega^2 e^{ky}\cos(\omega t)$;

M 为垂荡板的附加质量,其表达式为如下形式:

$$M = C_m^{plate} \frac{\rho}{4}\pi B_{plate}^3 \qquad (3-43)$$

其中,$C_m^{plate} = 0.597$。

因此,作用在垂荡板的作用力可写成如下形式:

$$F_{plate} = -C_m^{plate} \frac{H\rho\pi}{8}\omega^2 e^{kz_{plate}}B_{plate}^3\cos(-\omega t) \qquad (3-44)$$

其中,z_{plate} 为垂荡板的位置坐标。

同理可知,垂荡板结构波浪力谱与波浪谱之间的传递函数为:

$$| T_{Fp} |^2 = (C_m^{\text{plate}} \frac{\rho \pi}{4} \omega^2 e^{kz_{\text{plate}}} B_{\text{plate}}^3)^2 \tag{3-45}$$

作用在垂荡板上的波浪力随机函数为：

$$F_P(t) = C_m^{\text{plate}} \frac{\rho \pi}{4} \omega^2 e^{kz_{\text{plate}}} B_{\text{plate}}^3 \eta(t) \tag{3-46}$$

3.5 Truss Spar 平台随机波浪荷载数值模拟

下面开始对垂荡随机激励力和纵摇随机激励力矩进行数值模拟。本节采用线性叠加的方法，对随机垂荡波浪力和纵摇力矩进行数值模拟。根据 Longuet-Higgins 随机波浪模型，可以认为海浪具有各态历经的平稳随机过程。随机波浪是由多种频率成分组成的周期性振动。由于是周期振动，则随机波浪的表达式可用傅立叶级数展开成一系列简谐函数之和的形式，即由多个不同振幅、不同周期和不同的随机初相位组成的余弦波叠加所得。

因此，随机波的波面方程可写为：

$$\eta(t) = \sum_{i=1}^{M} a_i \cos(k_i x - \omega_i t + \varepsilon_i) \tag{3-47}$$

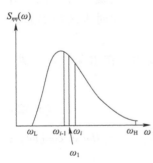

图 3-3 波浪谱频率区间划分示意图

其中，$\eta(t)$ 为波面相对于静水面的位移；a_i 为第 i 个组成波的波幅；k_i、ω_i 分别为第 i 个组成波的波数、圆频率；x、t 分别为位置和时间，通常取 $x = 0$；ε_i 为第 i 个组成波的初相位，在 $(0, 2\pi)$ 上均匀分布。在数值模拟随机波浪时，选择合适的 ω_L、ω_H（图 3-3），频率区间 $\omega_L \sim \omega_H$ 的选取取决于所要求的精度，但不恰当的增大频谱范围，也会使模拟精度下降，本节选取 ω_H 的大小为谱峰频率的 4 倍。采用等分频率法划分频率区间，取 $\Delta\omega = (\omega_L \sim \omega_H)/M$，$M = 400$，采用 $\widetilde{\omega}_i = (\omega_i + \omega_{i-1})/2$ 作为 i 区间的代表频率。

$$a_i = \sqrt{2 S_\eta(\widetilde{\omega}_i) \Delta\omega_i} \tag{3-48}$$

其中，$\widetilde{\omega}_i$ 为第 i 个组成波的代表频率。

则将代表 M 个区间内波能的 M 个余弦波动叠加起来，即得波浪的波面[93]。

$$\eta(t) = \sum_{i=1}^{M} \sqrt{2 S_{\eta\eta}(\widetilde{\omega}_i) \Delta\omega_i} \cos(\widetilde{\omega}_i t + \varepsilon_i) \tag{3-49}$$

将上式与式（3-40）、式（3-41）和式（3-46）联立，则可数值模拟作用在 Truss

Spar 平台主体上的垂荡激励力、纵摇激励力矩和垂荡板所受的波浪力的随机过程：

$$F_z(n\Delta t) = \sum_{i=1}^{M} \sqrt{2S_{\eta\eta}(\widetilde{\omega}_i)\Delta\omega_i}\cos(\widetilde{\omega}_i n\Delta t + \varepsilon_i)2\rho g\pi R^2 \cdot$$

$$\left[1 - \frac{1}{2}\sin(k_i R)\right]\left[\frac{J_1(k_i R)}{k_i R}\right]e^{-k_i d} \qquad (3\text{-}50)$$

$$M_y(n\Delta t) = \sum_{i=1}^{M} \sqrt{2S_{\eta\eta}(\widetilde{\omega}_i)\Delta\omega_i}\cos(\widetilde{\omega}_i n\Delta t + \varepsilon_i)\frac{4\rho g}{k_i^3} \cdot$$

$$\frac{1}{\cosh(k_i d)} \cdot \frac{k_i z_G \sinh(k_i d) + k_i d\sinh(k_i d) - \cosh(k_i d) + 1}{\sqrt{[J'_1(k_i R)]^2 + [Y'_1(k_i R)]^2}} \qquad (3\text{-}51)$$

$$F_P(n\Delta t) = \sum_{i=1}^{M} \sqrt{2S_{\eta\eta}(\widetilde{\omega}_i)\Delta\omega_i}\cos(\widetilde{\omega}_i n\Delta t + \varepsilon_i)C_m^{\text{plate}}\frac{H\rho\pi}{4}\omega_i^2 e^{k_i z_{\text{plate}}}B_{\text{plate}}^3 \qquad (3\text{-}52)$$

根据上述公式数值模拟了随机波浪力的大小，以下为不同波浪特征周期和波高的计算结果。其中算例平台主体参数见表 3-1。

Truss Spar 平台主体参数　　　　表 3-1

硬舱直径（m）	32.31	垂荡板间距（m）	23.8
吃水（m）	153.924	总排水量（t）	56401.45
重心位置（m）	90.39	垂荡板数量	3
硬舱长度（m）	68.88	纵摇惯性半径（m）	60.96
垂荡板尺寸（m×m）	32.31×32.31		

根据上述的数值模拟方法，分别计算了有效波高为 4m、特征周期分别为 5s、10s 的随机垂荡激励力和纵摇激励力矩，相关结果如图 3-4 ~ 图 3-10 所示。

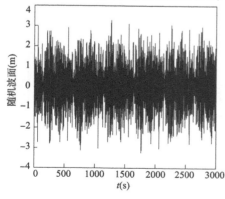
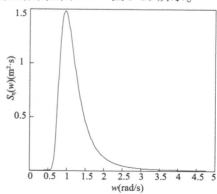

图 3-4　随机波面和波浪谱（特征周期 5s 波高 4m）

注：w-波浪频率

49

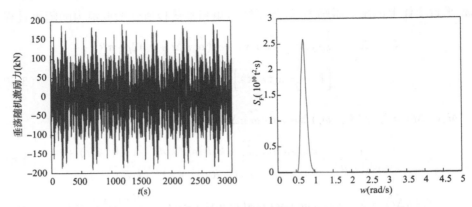

图 3-5　垂荡激励力和力谱（特征周期5s 波高4m）

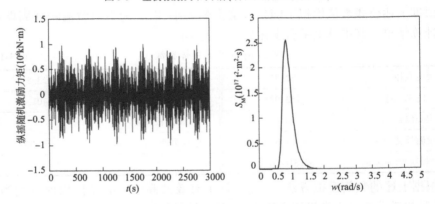

图 3-6　纵摇激励力矩和力谱（特征周期5s 波高4m）

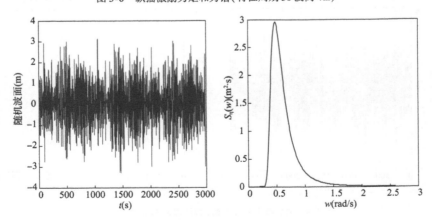

图 3-7　随机波面和海浪谱（特征周期10s 波高4m）

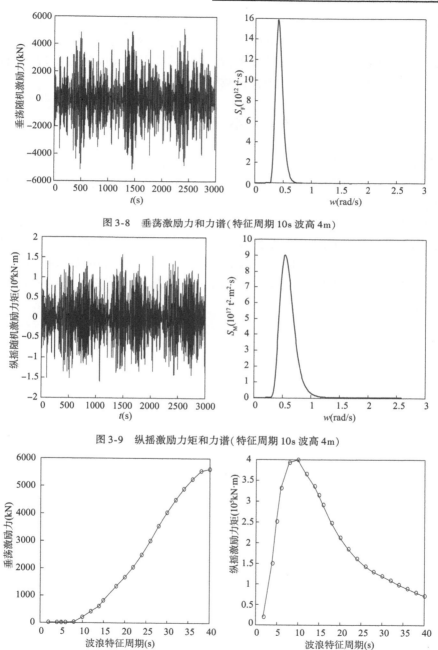

图 3-8　垂荡激励力和力谱(特征周期 10s 波高 4m)

图 3-9　纵摇激励力矩和力谱(特征周期 10s 波高 4m)

图 3-10　垂荡随机激励力与纵摇随机激励力矩的极值与波浪特征周期关系图

由上图可知,每一波浪特征周期下的最大垂荡随机激励力的数值随着波浪特征周期的增大而增大,而每一波浪特征周期下的最大纵摇随机激励力矩的数值随着波浪特征周期的增加先增大后减小,在波浪特征周期 10s 附近出现峰值。同 Sesam 软件计算所得的规则波的波浪荷载结果相近。

3.6　本　章　小　结

本章主要有几下内容:

(1)介绍了随机海浪模型和海浪谱,为计算 Truss Spar 平台的随机波浪力提供理论依据。

(2)利用绕射理论,推导作用在平台主体上的波浪力,得到平台主体结构上随机波浪力与海浪谱之间的传递函数,以及垂荡板上的波浪力与海浪谱之间的传递函数;然后将数值模拟海面的方法应用到平台主体随机波浪力的数值模拟中,进而得到了随机波浪力的时间历程,为后续的平台在随机波浪下的运动响应求解提供了强迫激励参数。

第 4 章　Truss Spar 平台随机垂荡运动响应研究

4.1　引　言

Spar 平台的垂荡运动历来是人们关注的热点问题,因为在恶劣的海洋环境下,这种平台特别容易发生大幅的垂荡运动,而大幅的垂荡运动是导致立管疲劳以至引起平台破坏的重要原因。因此,分析垂荡响应特点对平台的设计及其相关的研究具有重要的意义。

1998 年 Fisher 等在美国的密西根大学的波浪水池中进行了 Spar 平台的模型试验,结果观测到了平台会发生奇异的大幅纵摇运动,他们认为,产生这种现象的原因可能与平台的垂荡运动有关[95]。2000 年 Petter Andreas Berthelsen 考虑了一阶与二阶的波浪力的作用,计算了 Truss Spar 平台在波浪中的动力响应问题。Truss Spar 平台主体结构的波浪激励力利用绕射理论获得,桁架结构应用 Morsion 方程计算其波浪荷载,比较了不同形式的垂荡板对平台运动响应的影响作用[96]。2004 年,Jun B. Rho 和 Hang S. Choi 研究了 Truss Spar 平台在规则波浪中的垂荡运动特点,同时研究了马休纵摇不稳定性。结果表明,Truss Spar 平台的运动性能优于传统式 Spar 平台,主要由于垂荡板增加了黏性阻尼[97]。1997 年,Alok K. Jha 等人研究了一座经典式 Spar 平台在随机海浪下的纵摇和纵荡响应[98]。2006 年 Theckum Purath 等以"Horn Mountain" Truss Spar 平台为例,对平台、锚泊系统以及立管缆索进行耦合时域分析方法进行了研究,将数值结果与飓风 Isidore 海况下的测量数据进行对比,结果吻合良好[99]。2008 年 V. J. Kurian 等应用波浪 P-M 谱研究了 Truss Spar 平台纵荡、垂荡和纵摇频域运动响应[100]。2009 年李彬彬和欧进萍计算了 Truss Spar 平台垂荡响应频域分析。利用水动力试验和 Morsion 方程,简化估计了平台的水动力贡献,在频域内分别用数值迭代计算和黏滞阻尼线性化方法得到了平台在不同数量垂荡板配置下的垂荡响应幅值算子[101]。

关于规则波中的垂荡主共振运动前人做了分析研究,但实际海况都是随机的,研究平台的垂荡特性,必须对随机非线性垂荡运动模型进行研究。

本章考虑随机波浪力和波面升高的影响,研究了不考虑纵摇影响的垂荡随机运动响应。考虑上述情况建立了 Truss Spar 平台的随机垂荡运动数学模型,应用 Runge-Kutta 数值迭代算法研究了 Truss Spar 平台遭遇不同波浪参数时平台的随机垂荡运动响应特点,并运用路径积分法求得了在不同激励强度下,Truss Spar 平台垂荡运动的概率密度函数。

4.2 垂荡随机运动方程的建立

由第 2 章可知,不考虑纵摇运动时 Truss Spar 平台的垂荡运动方程可写成如下形式:

$$(m + m_{33})\ddot{\xi}_3 + B_{31}\dot{\xi}_3 + B_{32}\dot{\xi}_3 \,|\,\dot{\xi}_3| + \rho g A_w(\xi_3 - \eta) = F_3 \qquad (4\text{-}1)$$

其中,m_{33} 为平台的附加质量;B_{31}、B_{32} 分别是平台的垂荡辐射阻尼和垂荡黏滞阻尼;F_3 是平台的随机垂荡波浪激励力,根据第 3 章的公式求得。

4.3 随机垂荡运动响应分析

算例平台数据参照英国 BP 石油公司的"Horn Mountain"平台,其主体参数见表 4-1。

平台主体参数   表 4-1

主体直径(m)	32.31	排水量(t)	56401.45
吃水(m)	153.924	垂荡板数量	3
重心位置(m)	90.39	纵摇回转半径(m)	60.96
硬舱长度(m)	68.88	垂荡线性阻尼	0.0379
垂荡板尺寸(m×m)	32.31×32.31	垂荡二次性阻尼	0.0186
垂荡板间距(m)	23.8		

文献[99]对此平台进行了自由衰减试验,试验测得平台的垂荡固有周期为 20.8s,纵摇固有周期为 37.8s,垂荡与纵摇固有频率接近 2:1 关系。因此,改变波浪参数分析其对垂荡运动响应的影响。

4.3.1 不同特征周期下平台随机运动的数值模拟

分别选取远离平台垂荡固有周期时特征周期为 5s、10s 和 15s 的随机海浪,和接近平台垂荡固有周期时特征周期为 20s 的随机海浪。以上几种海况的有效波高均为 5m。在数值模拟海浪谱时,随机相位在 $(0,2\pi)$ 内均匀分布,选取海浪特征频率的 4 倍作为海浪谱横坐标的上限,针对不同的特征周期,选取不同的频率步长,通过线性叠加法数值模拟得出本章计算采用的 4 种海浪谱,图 4-1、图 4-2 分别是特征周期为 5s 和 10s 时的随机波面和海浪谱。

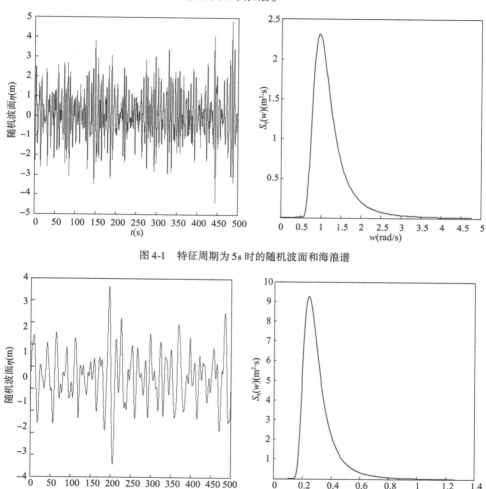

图 4-1　特征周期为 5s 时的随机波面和海浪谱

图 4-2　特征周期为 20s 时的随机波面和海浪谱

　　将第 3 章计算所得的随机力和随机波面的时间历程代入垂荡运动方程中,通过 Runge-Kutta 方法并结合谱分析方法,对不同海况下的随机参数激励垂荡运动进行数值计算和分析,结果如图 4-3 ~ 图 4-5 所示。

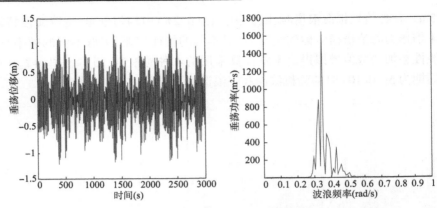

图 4-3　有效波高为 5m,特征周期为 10s 时的垂荡时间历程和功率谱

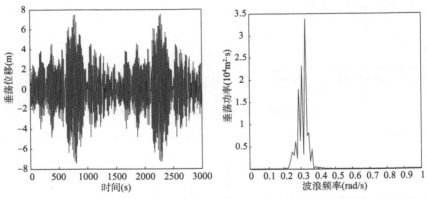

图 4-4　有效波高为 5m,特征周期为 15s 时的垂荡时间历程和功率谱

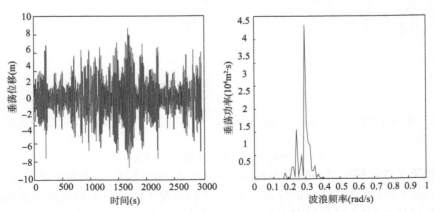

图 4-5　有效波高为 5m,特征周期为 20s 时的垂荡时间历程和功率谱

从计算结果可以看出,当随机波浪的有效波高相同时,波浪的特征周期越接近 Truss Spar 平台的垂荡固有周期时,垂荡运动幅值和其功率谱就越大。波浪特征周期为 20s 时,平台的垂荡响应大幅增大,产生垂荡共振运动。在波高 5m 时,垂荡运动的最大幅值已将近 9m。所以当波浪特征周期与垂荡固有周期接近时,会产生垂荡共振现象,发生大幅垂荡运动。同时,可以从上述的模拟结果看出,平台在随机波浪中,垂荡运动会从较小的幅值突然增大到大幅垂荡运动。这是因为平台所遭受的波浪激励力是随机的,如果结构在一段时间内连续受到一系列有效波高大的海浪,平台将会在很短的时间内增大到大幅垂荡运动。

　　Truss Spar 平台在随机波浪中的运动响应主要由波浪的特征周期和有效波高决定,计算结果表明:当波浪特征周期远离平台的固有周期时,Truss Spar 平台的垂荡运动较小。当波浪特征周期接近平台的固有周期时,将会产生垂荡共振运动,平台的垂荡运动响应大幅增加。随着有效波高的增大,平台垂荡运动更加剧烈。垂荡板能产生一定的附加质量和阻尼,可以改变平台的垂荡固有周期并增加平台总体阻尼,从而达到降低垂荡响应的目的。图 4-6 表示 Truss Spar 平台安装不同数量垂荡板的响应幅值算子。

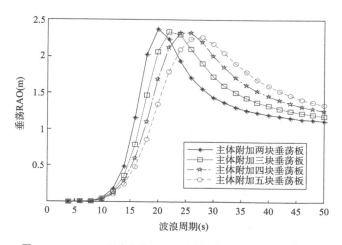

图 4-6　Truss Spar 平台安装不同数量垂荡板的响应幅值算子 RAO

　　从图 4-6 中可以看出,随着垂荡板数量的增加,平台垂荡的固有周期逐渐增大,同时由于垂荡板产生的黏滞阻尼增大,从而使响应逐渐减小,但垂荡板的使用效率随着其数量的增加而递减。因此可根据平台作业地区海况,安装合适数量的垂荡板,从而避开波浪特征周期,避免大幅垂荡运动的出现,从而保证平台的作业安全。

4.3.2 不同有效波高下平台随机运动的数值模拟

分别选取特征周期为 10s 和 20s 的随机波浪,改变有效波高的大小,计算在各种组合工况下 Truss Spar 平台垂荡运动响应的特点,计算工况见表 4-2。

计算工况示意图　　　　　　　　　　　　　表 4-2

工　况	特征周期(s)	有义波高(m)	波幅(m)
工况 1	10	2	1
	10	5	2.5
	10	10	5
工况 2	20	2	1
	20	5	2.5
	20	10	5

将计算所得的随机力和随机波面的时间历程代入垂荡运动方程中,通过数值模拟得到的垂荡时间历程和垂荡功率谱,如图 4-7 ~ 图 4-12 所示。

由图 4-7 ~ 图 4-12 的计算结果可以看出,平台的垂荡运动响应随着有效波高的增大而增大。当波浪的特征周期为 10s,有效波高为 10m 时,其垂荡运动的最大值仅为 2.3m 左右;而从图 4-12 的结果可以看出,波浪特征周期为 20s,有效波高为 5m 时,平台的垂荡响应的最大值已超过 8m;当有效波高为 10m 时,其最大值已将近 15m。可见,当波浪特征频率远离平台的固有频率时,即使波高较大,垂荡运动的幅值也比较小,不会出现大幅的垂荡运动。当波浪特征频率与垂荡运动的固有频率接近时,会产生垂荡共振情况,极易发生大幅的垂荡运动。

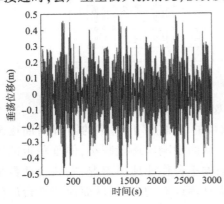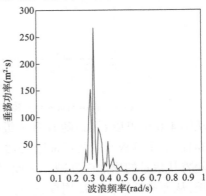

图 4-7　有效波高为 2m 的计算结果(工况 1)

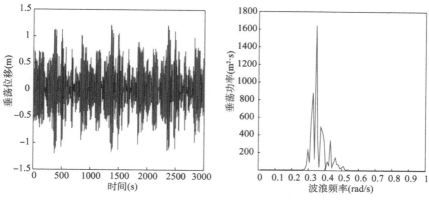

图 4-8　有效波高为 5m 的计算结果(工况 1)

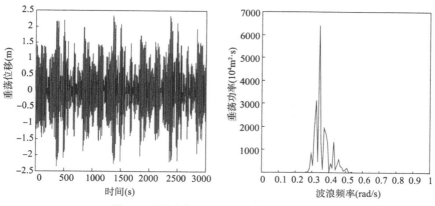

图 4-9　有效波高为 10m 的计算结果(工况 1)

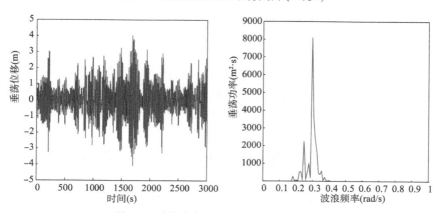

图 4-10　有效波高为 2m 的计算结果(工况 2)

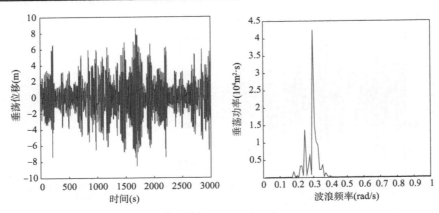

图 4-11　有效波高为 5m 的计算结果（工况 2）

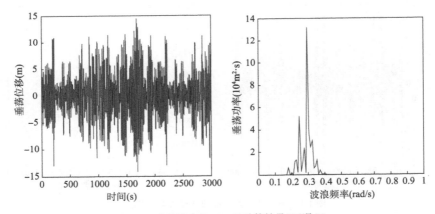

图 4-12　有效波高为 10m 的计算结果（工况 2）

　　本章的数值模拟计算没有考虑垂荡与纵摇运动之间的相互耦合作用，事实上，大幅的垂荡运动会导致 Truss Spar 平台排水体积和纵摇初稳性高发生较大的改变，造成复原力矩的瞬时损失，所以分析平台的运动响应时，需要对两个自由度进行耦合考虑，才能得出对平台安全作业有指导意义的结果。因此，在后面的章节中考虑了垂荡与纵摇两自由度耦合对平台运动响应影响的数值模拟计算。

4.4　随机垂荡运动的概率密度函数计算

　　本节将针对 Truss Spar 平台在随机海浪作用下的垂荡运动，求解其概率密度函数，采用路径积分法从概率域分析平台的随机垂荡运动。

在随机波浪中,不考虑随机波面和纵摇影响时,垂荡运动的随机微分方程可写成如下形式:

$$\begin{cases} \dot{x} = y \\ \dot{y} = -d_1 y - d_2 y|y| - k_1 x + \overline{F}\cos(\omega t + \vartheta) + \xi(t) \end{cases}$$

其中,x,y 分别为垂荡运动的位移和速度;d_1 为线性阻尼系数;d_2 为黏滞阻尼系数;k_1 为线性回复力系数;$\overline{F}$ 为垂荡激励力幅值的极值;$\xi(t) = \sqrt{D}\,N(t)$。则上式的二维伊藤方程可写成如下形式:

$$\begin{cases} \mathrm{d}x = a_1(x,y,t)\mathrm{d}t + b_1(x,y,t)\mathrm{d}W(t) \\ \mathrm{d}y = a_2(x,y,t)\mathrm{d}t + b_2(x,y,t)\mathrm{d}W(t) \end{cases}$$

其中,$a_1 = y; b_1 = 0; a_2 = -d_1 y - d_2 y|y| - k_1 x + \overline{F}\cos(\omega t + \vartheta); b_2 = \sqrt{D}$。

平台垂荡运动的二维伊藤方程的概率密度函数为:

$$P_d(Y,t) = \int_{M_n} \cdots \int_{M_i} \prod_{i=1}^{n} P_d(Y_i,t_i \mid Y_{i-1},t_{i-1}) \times P_d(Y_0)\mathrm{d}Y_0,\cdots,\mathrm{d}Y_{n-1}$$

其中,$Y_i = [x_i,y_i]^{\mathrm{T}}$ 为二维状态量;x 为横摇角;y 为横摇角速度;下标 i 表示不同的时刻;M 为状态空间的区域;$P_d(Y_0)$ 为初始概率密度函数;$P_d(Y_i,t_i \mid Y_{i-1}, t_{i-1})$ 为小时段 $\mathrm{d}t$ 内的瞬时转移概率密度;n 为转移的步数。

瞬时转移概率密度函数为:

$$P_d(Y_i,t_i \mid Y_{i-1},t_{i-1}) = \frac{\delta\left(y_i - \dfrac{x_{i-1} - x_i}{\mathrm{d}t}\right)}{\sqrt{2\pi D\mathrm{d}t}} \cdot \exp\left\{ -\frac{1}{2D\mathrm{d}t}[y_i - y_{i-1} - \right.$$
$$\left. (-d_1 y_{i-1} - d_2 y_{i-1}|y_{i-1}| - k_1 x_{i-1} + \overline{F}\cos(\omega t + \vartheta))\mathrm{d}t]^2 \right\}$$

如果给定初始概率密度函数,由以上公式可以计算出任意时刻 Truss Spar 平台在任意状态的概率密度函数。

下面,针对不同的波浪激励参数,计算平台的垂荡动力响应的概率密度函数。

令初相位 $\vartheta = 0$,且平台垂荡运动的初始概率密度函数服从高斯分布,计算的参数分别为:$\overline{F} = 0.00775$,$D = 0.00005$,$\omega = 0.3rad/s$,$k_1 = 0.0912$,$d_1 = 0.011448$,$d_2 = 0.005619$。将这些数据代入方程,采用第 2 章所介绍的路径积分法进行数值求解,得到 Truss Spar 平台在随机波浪作用下,垂荡运动响应的概率密度函数,结果如图 4-13、图 4-14 所示。

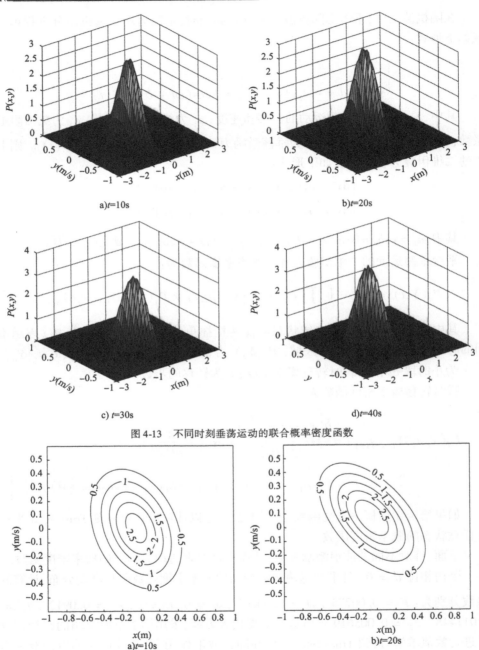

a)t=10s

b)t=20s

c) t=30s

d)t=40s

图 4-13　不同时刻垂荡运动的联合概率密度函数

a)t=10s

b)t=20s

图　4-14

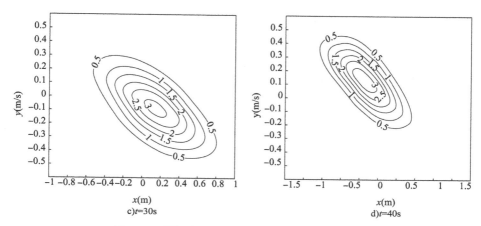

c)t=30s　　　　　　　　　　d)t=40s

图4-14　不同时刻垂荡运动联合概率密度函数的等高线

在图4-13和图4-14中,横坐标表示垂荡幅值,纵坐标表示垂荡速度,两个图分别表示Truss Spar平台垂荡运动响应的瞬时联合概率密度函数和对应的等高线。从上图中可以看出,随着计算时间的逐步增加,联合概率密度函数的大小和形状具有一定的周期性。上述计算中,所截取的瞬时时间间隔为1/2倍的波浪激励周期。图4-15、图4-16分别表示垂荡幅值和垂荡速度的不同时刻的边缘概率密度函数。

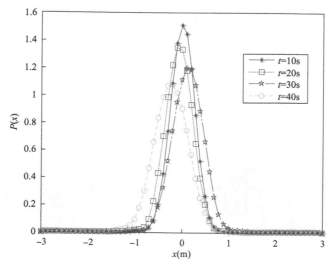

图4-15　垂荡幅值不同时刻的边缘概率密度函数

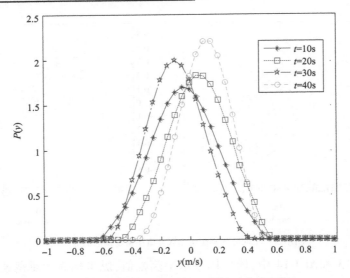

图4-16　垂荡速度不同时刻的边缘概率密度函数

从上面两幅图中可以看出,垂荡幅值和速度的边缘概率密度函数的位置关于原点具有周期性变化的特点。

下面将外激励力幅值增大为原来的2倍,计算所取参数为:$\overline{F} = 0.0155$,$D = 0.0001$,$\omega = 0.3\mathrm{rad}/s$,$k_1 = 0.0912$,$d_1 = 0.011448$,$d_2 = 0.005619$。图4-17、图4-18分别表示外激励力幅值增加1倍时的 Truss Spar 平台垂荡运动响应的瞬时联合概率密度函数和对应的等高线。

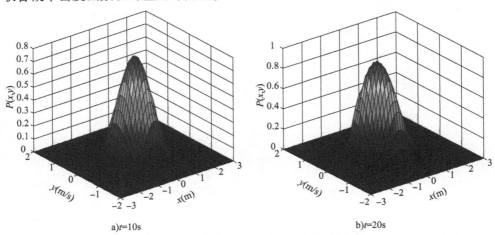

a)$t=10s$　　　　　　　　　　　　b)$t=20s$

图　4-17

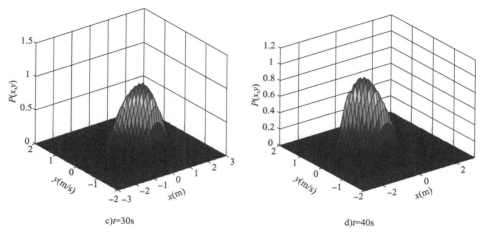

c)t=30s　　　　　　　　　d)t=40s

图 4-17　不同时刻垂荡运动的联合概率密度函数

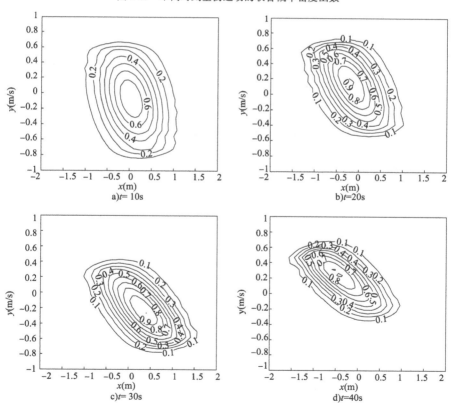

图 4-18　不同时刻垂荡运动联合概率密度函数的等高线

从这两幅图中可以看出,平台垂荡运动的范围有所增大。

图 4-19 和图 4-20 分别表示了平台不同时刻垂荡运动幅值和垂荡速度的边缘概率密度函数。从这两幅图中可以看出,随着外部激励的增大,垂荡运动的幅值和速度都有所增加,并且随着激励幅值的增加,垂荡运动的概率密度函数所具有的周期性也更加明显。

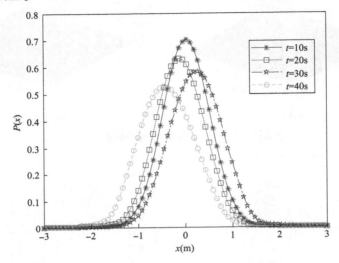

图 4-19　垂荡幅值不同时刻的边缘概率密度函数

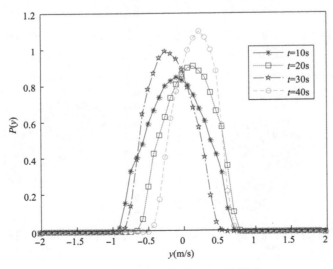

图 4-20　垂荡速度不同时刻的边缘概率密度函数

4.5　本 章 小 结

本章考虑随机波浪力和波面升高的影响,建立了垂荡运动的数值计算模型。应用 Runge-Kutta 数值迭代算法研究了 Truss Spar 平台遭遇不同波浪参数时平台的垂荡运动响应特点。通过数值模拟可以得到以下结论:

(1)Truss Spar 平台在随机波浪中的响应主要由波浪的特征周期和有效波高决定,计算结果表明:当波浪特征周期远离平台的固有周期时,Truss Spar 平台的垂荡运动较小。当波浪特征周期接近平台的固有周期时,平台将会产生垂荡共振运动,Truss Spar 平台的垂荡运动响应会大幅增加。随着有效波高的增大,平台的垂荡运动愈加剧烈。

(2)垂荡板能产生一定的附加质量和阻尼,降低平台的垂荡响应。随着垂荡板数量的增加,平台的响应幅值逐渐减小,但利用其降低平台运动的效率越来越低。可根据平台作业地区的实际海况,安装合适数量的垂荡板,从而避开波浪的特征周期,避免大幅垂荡运动的出现,保证平台安全作业。

(3)采用路径积分法计算了随机垂荡运动的概率密度函数,概率密度函数在时域的变化过程具有明显的周期性。随着外部激励强度的增加,垂荡运动的幅值和速度都逐渐增大;同时随着激励幅值的增加,垂荡运动的概率密度函数所具有的周期性也更加明显。

第 5 章　Truss Spar 平台随机垂荡—纵摇耦合响应研究

5.1　引　言

由于 Spar 平台的垂荡与纵摇运动有着较强的耦合作用,所以垂荡运动响应对平台整体的运动稳定性有着非常重要的影响。Spar 平台主体吃水较大,主体所受波激力的高频部分随水深增加迅速衰减,因此对垂荡运动起主导作用的是低频波浪荷载,在长周期涌浪作用下,平台可能发生垂荡谐振运动,导致垂荡运动的响应出现较大的幅值,从而使主体浸没于水中部分的体积大小和形状不停地变化;排水量和初稳性高$\overline{GM}$(重心到稳心的距离)值不是一个定值而是随时间变化的,由此引起主体运动回复力矩出现时变,此现象相应引起主体运动的附加干扰,即平台发生参数激励运动,这是恶劣海况下平台运动失稳导致平台运动剧烈的重要原因。因此研究 Truss Spar 平台的随机垂荡响应及其垂荡—纵摇耦合运动响应具有重要的意义,可为 Truss Spar 平台的设计提供可靠的理论依据。

2008 年张海燕等应用绕射理论推导了作用在 Spar 平台主体上的垂荡波浪力和纵摇波浪力矩以及水动力系数的计算程序,采用改进的变形参数法求解了经典式 Spar 平台在强弱参数激励下的纵摇马休不稳定问题。研究表明:在平台受强参数激励时,引入新的变换将强参数激励问题变换成弱参数问题,引入的变换中包含控制参数,对不稳定区域进行参数控制,并验证了采用这种方法所求得结果的合理和精确[56]。2010 年赵晶瑞等研究了经典式 Spar 平台在规则波作用下垂荡与纵摇的非线性耦合动力稳定性。研究结果表明:调整平台的垂荡纵摇固有频率比值和阻尼可抑制垂荡—纵摇耦合内共振运动和组合共振运动的发生[59]。

在以往的研究中,在规则波作用下,平台的垂荡纵摇运动特性做了较多的研究,但是关于随机海浪作用下,平台垂荡与纵摇耦合的动力响应研究的还比较少。本章考虑随机波浪力和波面升高的影响,研究考虑垂荡与纵摇耦合时 Truss Spar 平台动力响应,针对参考平台垂荡纵摇固有频率的近似 2:1 关系,应用 Runge-Kutta 数值迭代算法,研究了垂荡与纵摇耦合情况下平台的运动响应,并且分析了阻尼因素对运动的影响。

5.2　垂荡—纵摇耦合影响时随机运动方程的建立

当考虑 Truss Spar 平台垂荡与纵摇的耦合运动影响时,平台的垂荡回复力将发生变化,含有纵摇幅值 ξ_5 项和波面升高项 η;纵摇回复力矩是初稳性高和排水体积的函数,纵摇初稳性高和排水体积随着垂荡运动幅值 ξ_3 和波面升高 η 而变化。两个自由度的耦合关系如图 5-1 所示。

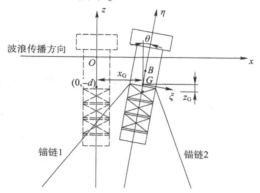

图 5-1　Spar 平台垂荡—纵摇耦合示意图

根据第 2 章的公式,考虑 Truss Spar 平台垂荡与纵摇耦合运动影响时,垂荡与纵摇运动方程可写为:

$$(m + m_{33})\ddot{\xi}_3 + B_{31}\dot{\xi}_3 + B_{32}\dot{\xi}_3\,|\,\dot{\xi}_3| + \rho g A_w\left(\xi_3 - \eta - \frac{\xi_5^2}{2}H_g + \frac{\xi_5^2}{2}\xi_3\right) = F_3 \qquad (5\text{-}1)$$

$$(I + I_{55})\ddot{\xi}_5 + B_{51}\dot{\xi}_5 + B_{52}\dot{\xi}_5\,|\,\dot{\xi}_5| + \rho g\,\nabla\overline{GM}\xi_5 + \left(\frac{1}{2}\rho g\,\nabla + \rho g A_w\,\overline{GM}\right)\eta -$$

$$\left(\frac{1}{2}\rho g\,\nabla + \rho g A_w\,\overline{GM}\right)\xi_3\xi_5 + \left(\frac{1}{4}\rho g\,\nabla H_g + \frac{1}{2}\rho g A_w\,\overline{GM}H_g\right)\xi_5^3 = M_5 \qquad (5\text{-}2)$$

其中,m 为 Truss Spar 平台的质量;m_{33} 为垂荡附连水质量;I 为 Truss Spar 平台纵摇惯性矩;I_{55} 为附连质量的惯性矩;F_3、M_5 分别为平台的随机垂荡波浪激励力、纵摇随机波浪激励力矩;B_{31}、B_{32}、B_{51}、B_{52} 分别为平台的垂荡辐射阻尼、垂荡黏滞阻尼、纵摇辐射阻尼和纵摇黏滞阻尼;A_w 为 Truss Spar 平台的水线面面积;H_g 为 Truss Spar 平台的重心到静水面的距离;$\overline{GM}$ 为纵摇初稳性高;η 为波面升高。

将式(5-1)和式(5-2)中第一项的系数进行归一化处理,可得:

$$
\begin{cases}
\ddot{\xi}_3 + a_{11}\dot{\xi}_3 + a_{12}\dot{\xi}_3\,|\dot{\xi}_3| + \omega_{30}^2\xi_3 - a_2\xi_5^2 - a_3\eta + a_3\xi_5^2\xi_3 = \overline{F}_3 \\
\ddot{\xi}_5 + b_{11}\dot{\xi}_5 + b_{12}\dot{\xi}_5\,|\dot{\xi}_5| + \omega_{50}^2\xi_5 - b_2\xi_3\xi_5 + b_2\eta\xi_5 + b_3\xi_5^3 = \overline{M}_5
\end{cases}
\tag{5-3}
$$

其中，$a_{11} = \dfrac{B_{31}}{m + m_{33}}$；$a_{12} = \dfrac{B_{32}}{m + m_{33}}$；$a_2 = \dfrac{\rho g A_w H_g}{2(m + m_{33})}$；$a_3 = \dfrac{\rho g A_w}{2(m + m_{33})}$；

$\overline{F}_3 = \dfrac{F_3}{m + m_{33}}$；$b_{11} = \dfrac{B_{51}}{I + I_{55}}$；$b_{12} = \dfrac{B_{52}}{I + I_{55}}$；$b_2 = \dfrac{\rho g(\nabla + 2A_w\,\overline{GM})}{2(I + I_{55})}$；$b_3 =$

$\dfrac{\rho g H_g(\nabla + 2A_w\,\overline{GM})}{4(I + I_{55})}$；$\overline{M}_5 = \dfrac{M_5}{I + I_{55}}$。

从上式中可以得出，Truss Spar 平台的垂荡运动方程与纵摇运动方程之间存在着明显的耦合关系。

5.3 随机垂荡—纵摇耦合运动响应分析

5.3.1 垂荡主共振时两自由度的动力响应计算

正如前面介绍，本平台垂荡与纵摇运动的固有频率比接近 2∶1 关系，存在内共振关系。在大多数海况下，波浪频率远离平台的垂荡固有频率，不会发生大幅的垂荡运动，从而使得两者之间的耦合作用并不明显。但是，当遭遇到长周期涌浪作用时，波浪频率接近平台的垂荡固有频率，会产生垂荡共振情况，垂荡幅值将会大幅增加，并且导致平台排水体积和纵摇初稳性高产生较大的改变，造成复原力矩的瞬时损失，极易发生纵摇不稳定运动。因此准确预报 Truss Spar 平台的动力响应，需要考虑垂荡与纵摇两个自由度的耦合。

根据本章式(5-3)，数值模拟了平台处于垂荡主共振时，垂荡与纵摇两自由度耦合动力响应问题，随机海浪参数为特征周期 20s，有效波高 2m、5m、8m 和 10m。图 5-2 为有效波高为 5m 时平台所受的垂荡激励力和纵摇激励力矩时间历程。Truss Spar 平台垂荡与纵摇耦合运动时间历程和功率谱如图 5-3 ~ 图 5-10 所示。

Truss Spar 平台处于垂荡主共振情况时，通过进行一系列的数值模拟，可以从上面的图中得出，在一定的海浪环境条件下，Truss Spar 平台会发生垂荡—纵摇耦合大幅运动。垂荡和纵摇幅值会从较小的数值突然增大到威胁平台安全的大幅值。当波高较小时，纵摇运动较小，不会发生大幅纵摇运动，如图 5-3 和图 5-5 所示。进一步增大有效波高至 8m(图 5-9)，纵摇运动的最大值增大至平台安全极限。也就是说，纵摇不稳定运动的发生有如下两个条件，一是波浪特征周期等于垂荡运动的固有周期,二是还需要在一定的外激励下才会产生。当有义波高较小时,平台垂荡运动的幅值不会很大,此时平台的纵摇运动幅值也比较小。从图 5-7 和图 5-9 可以看出,当垂荡运动幅值较大时,纵摇的运动幅值较小,而纵摇运动幅值较大时,垂荡运动的幅值比较小,两个自由度的运动幅值之间做着没有规律可循的调整。从图 5-10 可以看出,由于非线性参数激励项的存在,纵摇运动不再是强迫振动,而为 1/2 亚谐运动。从图 5-11 可以看出,垂荡运动幅值的极值随着波高的增大大致成线性增长且随着波高的增大增长速度略微降低(这点与规则波作用下的 Spar 平台的内共振运动特性有所区别),而纵摇运动幅值则是当波高达到一定数值后迅速增长,垂荡与纵摇的耦合非线性关系是产生这种现象的主要原因。总之,随机海浪下的垂荡与纵摇耦合内共振现象与规则波浪下的情况很多特点相似,本节数值模拟结果与文献[102]和文献[103]的结果有相似之处。

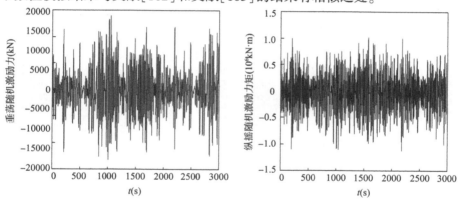

图 5-2　Truss Spar 平台垂荡激励力和纵摇激励力矩时间历程($T_p = 20s, H = 5m$)

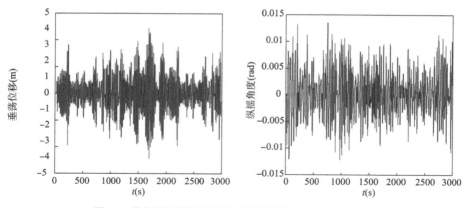

图 5-3　平台随机垂荡和纵摇运动时间历程($T_p = 20s, H = 2m$)

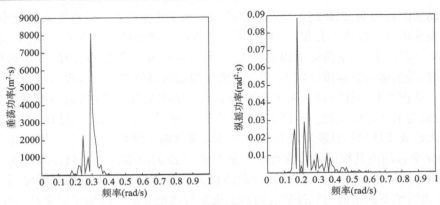

图 5-4　平台随机垂荡和纵摇运动功率谱（$T_p = 20\text{s}, H = 2\text{m}$）

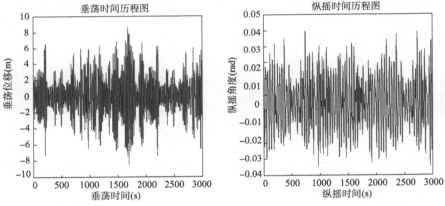

图 5-5　Truss Spar 平台随机垂荡和纵摇运动时间历程（$T_p = 20\text{s}, H = 5\text{m}$）

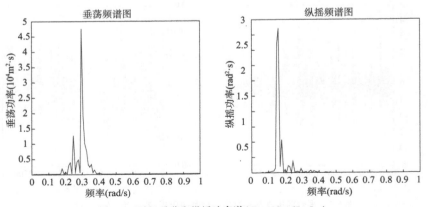

图 5-6　随机垂荡和纵摇功率谱（$T_p = 20\text{s}, H = 5\text{m}$）

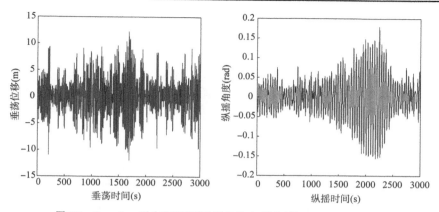

图 5-7 Truss Spar 平台随机垂荡和纵摇运动时间历程($T_p = 20s, H = 8m$)

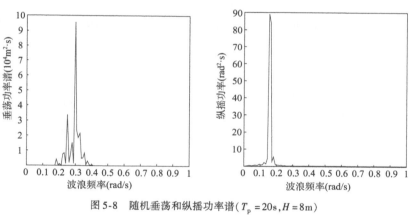

图 5-8 随机垂荡和纵摇功率谱($T_p = 20s, H = 8m$)

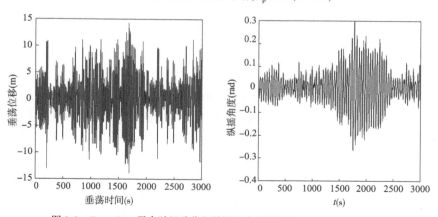

图 5-9 Truss Spar 平台随机垂荡和纵摇运动时间历程($T_p = 20s, H = 10m$)

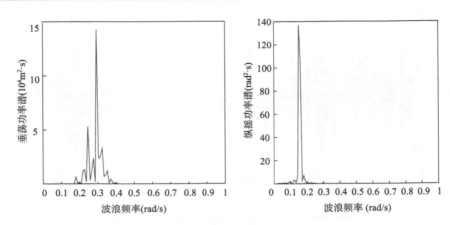

图 5-10　随机垂荡和纵摇功率谱（$T_p = 20\text{s}, H = 10\text{m}$）

　　波浪特征周期为 20s 时垂荡和纵摇的运动幅值极值与波高的关系如图 5-11 所示。

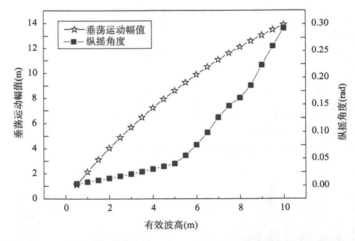

图 5-11　波浪特征周期为 20s 时垂荡和纵摇的运动幅值极值与波高的关系图

　　Truss Spar 平台处于垂荡主共振情况时，通过进行一系列数值模拟，可以从上面的图中得出，在一定的海浪环境条件下，Truss Spar 平台会发生垂荡—纵摇耦合大幅运动。垂荡和纵摇幅值会从较小的数值突然增大到威胁平台安全的大幅值。当波高较小时，纵摇运动较小，不会发生大幅纵摇运动，如图 5-3 和图 5-5 所示。进一步增大有效波高至 8m（图 5-9），纵摇运动的最大值增大至平台安全极限。也就是说，纵摇不稳定运动的发生有如下两个条件，一是波浪特征周期等于垂荡运动的固有周期,二是还需要在一定的外激励下才会产生。当有义波高较小时,平台垂荡运动的幅值不会很大,此时平台的纵摇运动幅值也比较小。从图 5-7 和图 5-9 可以看出,当垂荡运动幅值较大时,纵摇的运动幅值较小,而纵摇运动幅值较大时,垂荡运动的幅值比较小,两个自由度的运动幅值之间做着没有规律可循的调整。从图 5-10 可以看出,由于非线性参数激励项的存在,纵摇运动不再是强迫振动,而为 1/2 亚谐运动。从图 5-11 可以看出,垂荡运动幅值的极值随着波高的增大大致呈线性增长趋势,且随着波高的增大增长速度略微降低(这点同规则波作用下的 Spar 平台的内共振运动特性有所区别),而纵摇运动幅值则是当波高达到一定数值后迅速增长,垂荡与纵摇的耦合非线性关系是产生这种现象的主要原因。总之,随机海浪下的垂荡与纵摇耦合内共振现象与规则波浪下的情况很多相似特点,本节数值模拟结果与文献[102]和文献[103]的结果有相似之处。

5.3.2　垂荡、纵摇组合共振动力响应计算

由于各种非线性因素,当波浪特征频率接近结构物的垂荡与纵摇固有频率的线性组合时,可能会产生组合共振问题。经研究发现,经典式 Spar 平台存在组合共振响应,因此本节针对波浪特征频率等于垂荡频率和纵摇频率之和时(波浪特征频率为 0.47rad/s),研究了平台的垂荡和纵摇运动响应。相关计算图如图 5-12 ~ 图 5-16 所示。

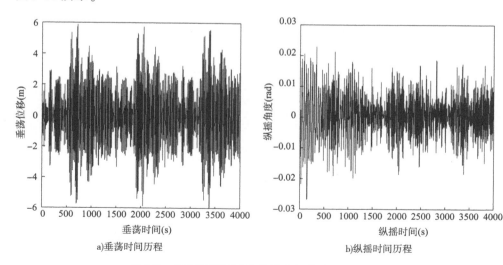

a)垂荡时间历程　　　　　　　　　　　b)纵摇时间历程

图 5-12　组合共振时垂荡和纵摇运动时间历程($H = 5\text{m}$)

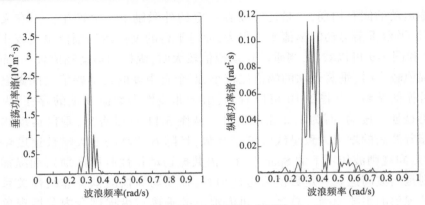

图 5-13　组合共振时垂荡和纵摇功率谱（$H = 5$m）

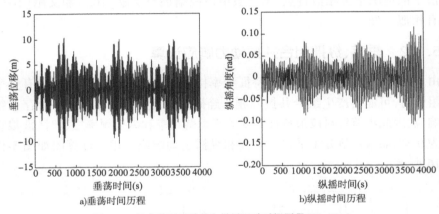

a)垂荡时间历程　　　　　　　　　　　　b)纵摇时间历程

图 5-14　组合共振时垂荡和纵摇运动时间历程（$H = 10$m）

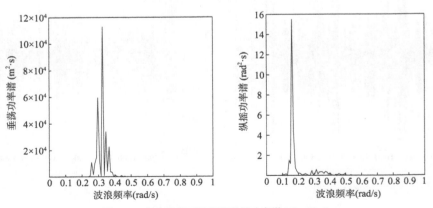

图 5-15　组合共振时垂荡和纵摇功率谱（$H = 10$m）

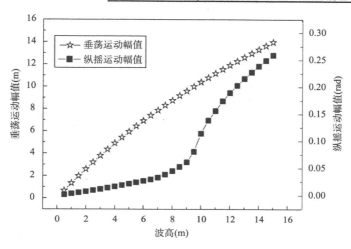

图 5-16　组合共振时垂荡和纵摇的运动幅值的极值与波高的关系图

从图 5-13 和图 5-15 可以看出,当发生组合共振时,垂荡和纵摇运动会出现亚谐频率,垂荡运动的主要频率为 2/3 倍的波浪特征频率,有效波高为 5m 时,纵摇运动的主要频率为 2/3 倍的波浪特征频率和 1 倍的波浪特征频率,而当有效波高增大到 10m 时,纵摇运动的频率主要由 1/3 倍的波浪特征频率组成。同时,从图 5-16 可以看出,垂荡运动幅值的极值随着波高的增大大致呈线性增长趋势(但随着波高的增大增长速度略微降低),而纵摇运动幅值则是当波高达到一定数值后迅速增长,与第 4 章的结果相同。

5.3.3　波浪特征周期对垂荡纵摇耦合动力响应的影响

为了研究海浪特征周期对垂荡纵摇耦合运动稳定性的影响,本节还考虑波浪特征周期远离垂荡共振周期时平台的动力响应问题。在前面的计算中,当波浪特征周期为 20s 时,有效波高为 8m 时,此平台已出现大幅纵摇不稳定运动。为了对比,选取波浪的有效波高为 8m、波浪特征周期为 10s 和 15s 时的计算结果,如图 5-17、图 5-18 所示。

从数值模拟结果中可以看出,当波浪的有效波高相同时,其特征周期越远离垂荡固有周期,垂荡幅值和纵摇幅值越小,发生随机垂荡—纵摇耦合大幅运动的概率也越小。因此,可根据作业区域的海况,合理改变 Truss Spar 平台的垂荡固有周期(安装合适数量的垂荡板),使之远离波浪的特征周期,同时垂荡板产生的垂荡阻尼可以大大降低平台的垂荡运动幅值,尽量避免垂荡主共振运动和耦合大幅纵摇运动的发生。

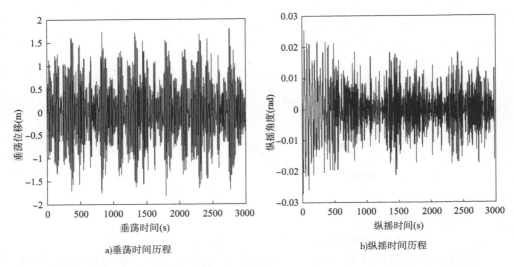

a)垂荡时间历程　　　　　　　　　　b)纵摇时间历程

图 5-17　Truss Spar 平台随机垂荡和纵摇运动时间历程（$T_p = 10\text{s}, H = 8\text{m}$）

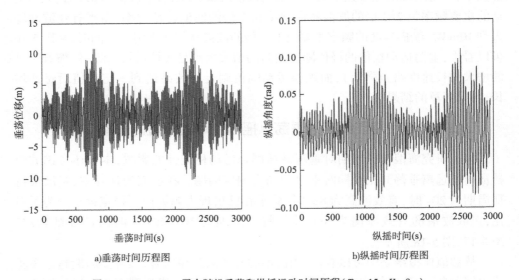

a)垂荡时间历程图　　　　　　　　　　b)纵摇时间历程图

图 5-18　Truss Spar 平台随机垂荡和纵摇运动时间历程（$T_p = 15\text{s}, H = 8\text{m}$）

5.3.4　阻尼因素对垂荡—纵摇耦合动力响应的影响

下面分别就以下几种情况研究探讨阻尼因素对垂荡与纵摇耦合动力响应的影响。

（1）不改变垂荡阻尼，分别将纵摇阻尼增加 0.2 倍、0.3 倍、0.4 倍和 0.5 倍后，所得数值模拟结果如图 5-19 ~ 图 5-22 所示。

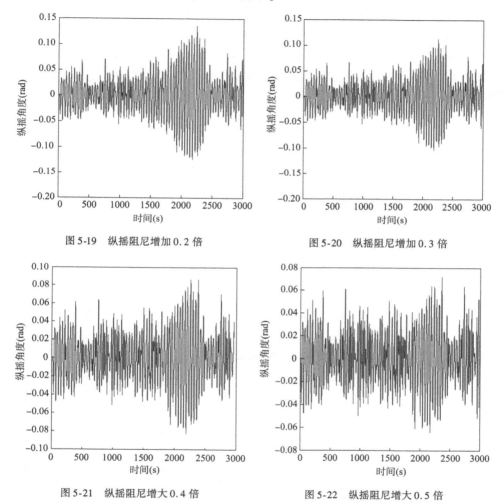

图 5-19　纵摇阻尼增加 0.2 倍　　　　图 5-20　纵摇阻尼增加 0.3 倍

图 5-21　纵摇阻尼增大 0.4 倍　　　　图 5-22　纵摇阻尼增大 0.5 倍

（2）不改变纵摇阻尼，将垂荡阻尼增加 0.2 倍、0.3 倍、0.4 倍后，所得数值模拟结果如图 5-23 ~ 图 5-25 所示。

（3）将垂荡和纵摇阻尼同时增大，所得数值模拟结果如图 5-26 ~ 图 5-28 所示。

从以上的计算结果可以看出，仅增加垂荡运动阻尼或纵摇运动阻尼，纵摇自由度的运动都会降低，但是垂荡自由度的运动则不相同。当仅改变纵摇阻尼时，垂荡运动的幅值随着纵摇阻尼的增加逐渐增大，意味着增大纵摇阻尼会阻止垂荡运动模态的能量向纵摇转移,削弱垂荡与纵摇之间的耦合作用。当仅增大垂荡阻尼时垂荡运动幅值降低最为显著,间接使得纵摇角度降低,但如果当随机垂荡激励力达到一定数值,造成垂荡大幅运动后,纵摇不稳定运动还是不可避免。因此,结合图 5-28 可以得出,在尽可能的情况下,联合增加垂荡阻尼和纵摇阻尼是抑制纵摇不稳定现象发生的最有效手段,因此在设计 Truss Spar 平台时,要合理选取垂荡板的数量和结构形式,合理布置螺旋侧板的螺距及板高等,以设计出运动性能更为优越的平台。

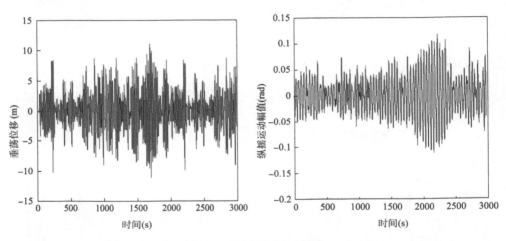

图 5-23　垂荡阻尼增加 0.2 倍

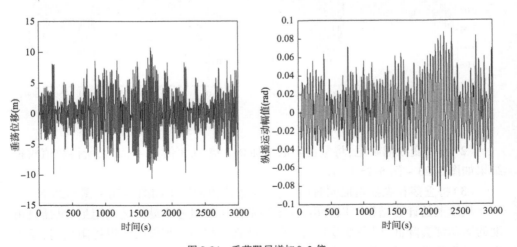

图 5-24　垂荡阻尼增加 0.3 倍

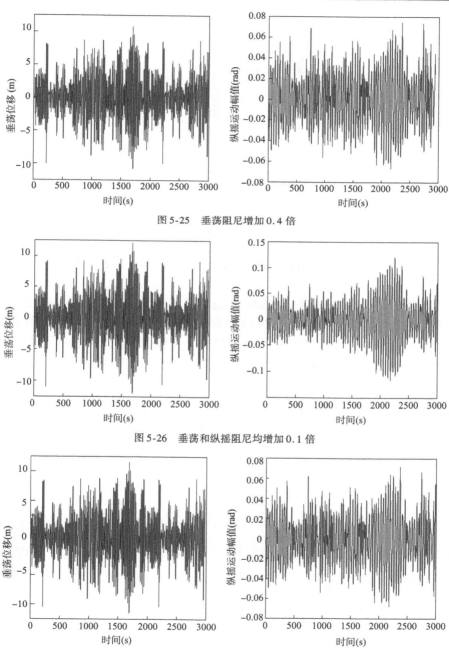

图 5-25　垂荡阻尼增加 0.4 倍

图 5-26　垂荡和纵摇阻尼均增加 0.1 倍

图 5-27　垂荡和纵摇阻尼均增加 0.2 倍

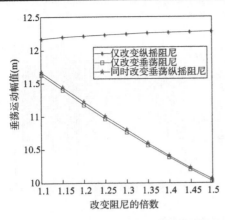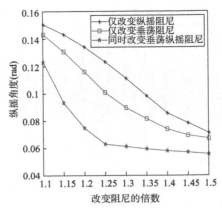

图 5-28　垂荡和纵摇运动响应随阻尼变化的关系

5.4　随机纵摇运动的概率密度函数计算

本节将针对 Truss Spar 平台在随机海浪作用下的纵摇运动进行稳定性分析研究。利用范德波变化,将纵摇非线性运动方程转换成带有平均漂移系数和扩散系数的伊藤随机微分方程,采用随机平均法和 FPK 方程,获得 Truss Spar 平台随机海况下的纵摇稳态概率密度函数,并分析阻尼回复刚度等因素对系统稳定性的影响。

忽略式(5-2)中随机波面和垂荡参激的影响,纵摇运动方程可写为如下形式:

$$(I + I_{55})\ddot{\xi}_5 + B_{51}\dot{\xi}_5 + B_{52}\dot{\xi}_5\left|\dot{\xi}_5\right| + \rho g\,\nabla\overline{GM}\xi_5 + \left(\frac{1}{4}\rho g\,\nabla H_g + \frac{1}{2}\rho g A_w\,\overline{GMH_g}\right)\xi_5^3 = M_5$$

$$(5\text{-}4a)$$

将方程两边都除以 $I + I_{55}$,可得:

$$\ddot{\xi}_5 + b_{11}\dot{\xi}_5 + b_{12}\dot{\xi}_5\left|\dot{\xi}_5\right| + \omega_{50}^2\xi_5 + b_3\xi_5^3 = \overline{M}_5(t) \tag{5-4b}$$

其中, $b_{11} = \dfrac{B_{51}}{I + I_{55}}$; $b_{12} = \dfrac{B_{52}}{I + I_{55}}$; $b_3 = \dfrac{\rho g H_g(\nabla + 2A_w\,\overline{GM})}{4(I + I_{55})}$; $\overline{M}_5 = \dfrac{M_5}{I + I_{55}}$ 。对于本节参考的平台上面的系数分别为 $b_{11} = 0.0145$, $b_{12} = 0.0154$, $b_3 = 0.0243$ 。

由于运用随机平均法时需要进行积分,而 $\left|\dot{\xi}_5\right|$ 此项含有绝对值,为了便于计算,将非线性阻尼进行线性等效化,即 $b_{12}\dot{\xi}_5\left|\dot{\xi}_5\right| \approx \dfrac{8}{3\pi}b_{12}\dot{\xi}_5\left|\dot{\xi}_{5,\max}\right| = b_{eq}\dot{\xi}_5$,所以不考虑随机波面和垂荡参激的影响时,平台的纵摇运动方程为如下形式:

$$\ddot{\xi}_5 + b_1\dot{\xi}_5 + \omega_{50}^2\xi_5 + b_3\xi_5^3 = \overline{M}_5(t) \tag{5-4c}$$

由第 3 章推导可知,纵摇激励力矩为如下形式:

$$M_5(t) = \frac{4\rho g}{k^3} \cdot \frac{1}{\cosh(kd)} \frac{kz_G \sinh(kd) + kd\sinh(kd) - \cosh(kd) + 1}{\sqrt{[J'_1(kR)]^2 + [Y'_1(kR)]^2}} \eta(t)$$

$$(5\text{-}5a)$$

所以,$\overline{M}_5(t)$ 的表达式如下:

$$\overline{M}_5(t) = \frac{4\rho g}{k^3(I + I_{55})} \frac{1}{\cosh(kd)} \frac{kz_G \sinh(kd) + kd\sinh(kd) - \cosh(kd) + 1}{\sqrt{[J'_1(kR)]^2 + [Y'_1(kR)]^2}} \eta(t)$$

$$(5\text{-}5b)$$

所以,随机过程纵摇力矩 $\overline{M}_5(t)$ 的功率谱密度函数为:

$$S_M = \left(\frac{4\rho g}{k^3} \frac{1}{\cosh(kd)} \frac{kz_G \sinh(kd) + kd\sinh(kd) - \cosh(kd) + 1}{\sqrt{[J'_1(kR)]^2 + [Y'_1(kR)]^2}} \right)^2 S_\eta \quad (5\text{-}6)$$

其中,S_η 为海浪谱。

根据第 2 章的理论可知,针对本运动方程,$f(\xi_5) = \omega_{50}^2 \xi_5 + b_3 \xi_5^3$。

同理,可得如下结果:

$$H(\xi_5) = \omega_{50}^2 \frac{\xi_5^2}{2} + b_3 \frac{\xi_5^4}{4} \qquad (5\text{-}7a)$$

$$E = \frac{1}{2}\dot{\xi}_5 + H(\xi_5) = H(a + b) = H(-a + b) \qquad (5\text{-}7b)$$

由于势函数 $H(\xi_5)$ 为偶函数,所以可得 $b = 0$,瞬时频率 $\beta(a, \varphi)$ 写成如下形式:

$$\beta(a, \varphi) = \left[\left(\omega_{50}^2 + 3b_3 \frac{a^2}{4} \right) (1 + \lambda\cos 2\varphi) \right]^{\frac{1}{2}} \qquad (5\text{-}8a)$$

其中,

$$\lambda = \frac{b_3 \dfrac{a^2}{4}}{\omega_{50}^2 + 3b_3 \dfrac{a^2}{4}} \qquad (5\text{-}8b)$$

将 $\beta(a, \varphi)$ 展开成傅立叶级数的形式,则有:

$$\beta(a, \varphi) = b_0(a) + b_2(a)\cos 2\varphi + b_4(a)\cos 4\varphi + b_6(a)\cos 6\varphi \qquad (5\text{-}9a)$$

$$b_0(a) = \left(\omega_{50}^2 + 3b_3 \frac{a^2}{4} \right)^{\frac{1}{2}} \left(1 - \frac{\lambda^2}{16} \right) \qquad (5\text{-}9b)$$

$$b_2(a) = \left(\omega_{50}^2 + 3b_3 \frac{a^2}{4} \right)^{\frac{1}{2}} \left(\frac{\lambda}{2} + \frac{3\lambda^3}{64} \right) \qquad (5\text{-}9c)$$

$$b_4(a) = \left(\omega_{50}^2 + 3b_3 \frac{a^2}{4} \right)^{\frac{1}{2}} \left(-\frac{\lambda^2}{16} \right) \qquad (5\text{-}9d)$$

$$b_6(a) = \left(\omega_{50}^2 + 3b_3 \frac{a^2}{4} \right)^{\frac{1}{2}} \left(\frac{\lambda^3}{64} \right) \qquad (5\text{-}9e)$$

平均频率为 $\omega(a) = b_0(a)$ 。

根据前面的推导，q_1、q_2、σ_{11} 和 σ_{21} 的表达式如下：

$$q_1(a,\varphi) = -\frac{a^2}{f(a)} b_1 \beta^2(a,\varphi) \sin^2\varphi \qquad (5\text{-}10a)$$

$$q_2(a,\varphi) = -\frac{a}{f(a)} b_1 \beta^2(a,\varphi) \sin\varphi\cos\varphi \qquad (5\text{-}10b)$$

$$\sigma_{11}(a,\varphi) = -\frac{a}{f(a)} \beta(a,\varphi) \sin\varphi \qquad (5\text{-}10c)$$

$$\sigma_{21}(a,\varphi) = -\frac{1}{f(a)} \beta(a,\varphi) \cos\varphi \qquad (5\text{-}10d)$$

$$\sigma_{11n}^c = -\frac{a}{\pi f(a)} \int_0^{2\pi} \beta(a,\varphi) \sin\varphi\cos n\varphi \, d\varphi = 0 \qquad (5\text{-}11a)$$

$$\sigma_{11n}^s = -\frac{a}{\pi f(a)} \int_0^{2\pi} \beta(a,\varphi) \sin\varphi\sin n\varphi \, d\varphi$$

$$= \begin{cases} -\dfrac{a}{2f(a)}(2b_0 - b_2) & (n = 1) \\[2mm] -\dfrac{a}{2f(a)}(b_2 - b_4) & (n = 3) \\[2mm] -\dfrac{a}{2f(a)}(b_4 - b_6) & (n = 5) \\[2mm] -\dfrac{a}{2f(a)}b_6 & (n = 7) \\[2mm] 0 & (n = 2,4,6,8) \end{cases} \qquad (5\text{-}11b)$$

$$\sigma_{21n}^c = -\frac{1}{\pi f(a)} \int_0^{2\pi} \beta(a,\varphi) \cos\varphi\cos n\varphi \, d\varphi$$

$$= \begin{cases} -\dfrac{1}{2f(a)}(2b_0 + b_2) & (n = 1) \\[2mm] -\dfrac{1}{2f(a)}(b_2 + b_4) & (n = 3) \\[2mm] -\dfrac{1}{2f(a)}(b_4 + b_6) & (n = 5) \\[2mm] -\dfrac{1}{2f(a)}b_6 & (n = 7) \\[2mm] 0 & (n = 2,4,6,8) \end{cases} \qquad (5\text{-}11c)$$

$$\sigma_{21n}^{s} = -\frac{1}{\pi f(a)}\int_{0}^{2\pi}\beta(a,\varphi)\cos\varphi\sin n\varphi\mathrm{d}\varphi = 0 \qquad (5\text{-}11\mathrm{d})$$

$$q_{10}(a) = \frac{1}{2\pi}\int_{0}^{2\pi}q_{1}(a,\varphi)\mathrm{d}\varphi$$

$$= -\frac{a^2}{2\pi f(a)}b_1\int_{0}^{2\pi}\beta^2(a,\varphi)\sin^2\varphi\mathrm{d}\varphi$$

$$= -\frac{a^2 b_1}{4f(a)}\left[\left(2b_0^2 + b_2^2 + b_4^2 + b_6^2\right) - \left(2b_0 b_2 + b_2 b_4 + b_4 b_6\right)\right]$$

$$(5\text{-}11\mathrm{e})$$

所以,可得漂移系数和扩散系数的表达式:

$$u(a) = q_{10}(a) + \frac{\pi}{2}\sum_{r=1}^{\infty}\left[\frac{\mathrm{d}\sigma_{11r}^{c}}{\mathrm{d}a}\sigma_{11r}^{c} + \frac{\mathrm{d}\sigma_{11r}^{s}}{\mathrm{d}a}\sigma_{11r}^{s} + r(\sigma_{11r}^{s}\sigma_{21r}^{c} - \sigma_{11r}^{c}\sigma_{21r}^{s})\right]S_{11}[r\omega(a)]$$

$$= q_{10}(a) + \frac{\pi}{2}\sum_{r=1}^{\infty}\left[\frac{\mathrm{d}\sigma_{11r}^{s}}{\mathrm{d}a}\sigma_{11r}^{s} + r\sigma_{11r}^{s}\sigma_{21r}^{c}\right]S_{11}[r\omega(a)]$$

$$= q_{10}(a) + \frac{\pi}{2}\left\{\left(\frac{\mathrm{d}\sigma_{111}^{s}}{\mathrm{d}a}\sigma_{111}^{s} + \sigma_{111}^{s}\sigma_{211}^{c}\right)S_{11}[\omega(a)] + \left(\frac{\mathrm{d}\sigma_{113}^{s}}{\mathrm{d}a}\sigma_{113}^{s} + 3\sigma_{113}^{s}\sigma_{213}^{c}\right)\cdot\right.$$

$$S_{11}[3\omega(a)]\cdot\left(\frac{\mathrm{d}\sigma_{115}^{s}}{\mathrm{d}a}\sigma_{115}^{s} + 5\sigma_{115}^{s}\sigma_{215}^{c}\right)\cdot S_{11}[5\omega(a)] +$$

$$\left.\left(\frac{\mathrm{d}\sigma_{117}^{s}}{\mathrm{d}a}\sigma_{117}^{s} + 7\sigma_{117}^{s}\sigma_{217}^{c}\right)\cdot S_{11}[7\omega(a)]\right\} \qquad (5\text{-}12\mathrm{a})$$

$$\sigma^2(a) = \pi\sum_{r=1}^{\infty}(\sigma_{11r}^{c}\sigma_{11r}^{c} + \sigma_{11r}^{s}\sigma_{11r}^{s})S_{11}[r\omega(a)] = \pi\sum_{r=1}^{\infty}\sigma_{11r}^{s}\sigma_{11r}^{s}S_{11}[r\omega(a)]$$

$$= \pi\left\{\sigma_{111}^{s}\sigma_{111}^{s}S_{11}[\omega(a)] + \sigma_{113}^{s}\sigma_{113}^{s}S_{11}[3\omega(a)] +\right.$$

$$\left.\sigma_{115}^{s}\sigma_{115}^{s}S_{11}[5\omega(a)] + \sigma_{117}^{s}\sigma_{117}^{s}S_{11}[7\omega(a)]\right\} \qquad (5\text{-}12\mathrm{b})$$

通过上述公式,本节计算了不同波高和阻尼系数下的 Truss Spar 平台纵摇运动的概率密度函数,结果如图 5-29、图 5-30 所示。

从图 5-29 和图 5-30 可以看出,有效波高越大时,随机纵摇幅值的概率密度函数分布在较大的角度区间;阻尼系数越小时,随机纵摇幅值的概率密度函数分布在较大的角度区间,发生大幅纵摇运动的概率就越大。

图 5-31 和图 5-32 分别表示了有效波高为 10m 时,平台纵摇运动的纵摇角与纵摇角速度的联合概率密度函数和纵摇角的概率密度函数。

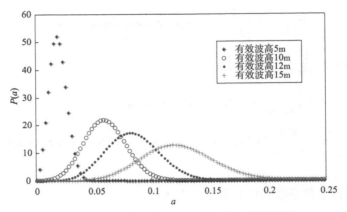

图 5-29　不同波高下转换方程 a 的概率密度函数曲线

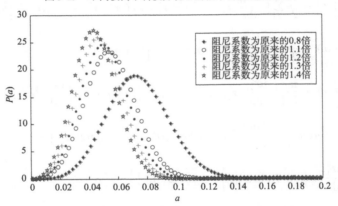

图 5-30　不同阻尼系数下转换方程 a 的概率密度函数曲线

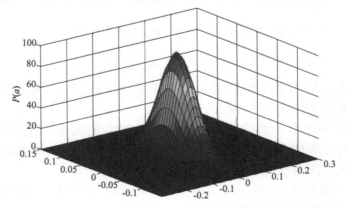

图 5-31　$(\xi_5, \dot{\xi}_5)$ 的联合概率密度函数曲线(有效波高为 10m)

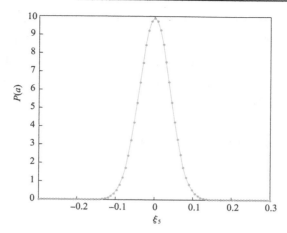

图 5-32　纵摇角 ξ_5 的边缘概率密度函数曲线(有效波高为 10m)

5.5　本 章 小 结

本章考虑随机波浪力和波面升高的影响,建立了垂荡与纵摇耦合数值计算模型,分别研究了不考虑纵摇影响的垂荡随机运动以及考虑垂荡与纵摇耦合的动力响应。针对参考平台垂荡纵摇固有频率的近似 2∶1 关系,应用 Runge-Kutta 数值迭代算法研究了 Truss Spar 平台遭遇不同波浪参数时平台的垂荡运动响应,以及垂荡与纵摇耦合情况下平台的运动响应,并且分析了阻尼等对运动的影响。最后用随机平均法求解了 Truss Spar 平台随机纵摇运动的概率密度函数,可以得出以下结论:

(1)波浪特征频率接近 Truss Spar 平台垂荡固有频率或者垂荡与纵摇固有频率之和时,并且在一定的波高下,参强联合激励会造成平台产生大幅纵摇运动,发生垂荡与纵摇参强耦合内共振运动。由于非线性参数激励项的存在,纵摇运动不再是强迫振动,而为 1/2 亚谐运动。波浪特征频率接近 Truss Spar 平台垂荡固有频率、一定的波高和垂荡纵摇固有频率的 2∶1 关系,这些条件是平台发生耦合内共振运动的充要条件。

(2)当波浪的有效波高相同时,其特征周期越远离垂荡固有周期,垂荡幅值和纵摇幅值越小,发生随机垂荡—纵摇耦合大幅运动的概率也越小。若作业区域长周期波较多时,可安装合适数量的垂荡板,既增加了 Truss Spar 平台的垂荡固有周期,又提供了较多的垂荡阻尼,避免垂荡主共振运动和耦合大幅纵摇运动的发生。

(3)仅增加垂荡运动阻尼或纵摇运动阻尼,纵摇自由度的运动都会降低,但是垂荡自由度的运动则不相同。当仅改变纵摇阻尼时,垂荡运动的幅值随着纵摇阻尼的增加逐渐增大,即增大纵摇阻尼会阻止垂荡运动模态的能量向纵摇转移,削弱了垂荡与纵摇之间的耦合作用。在尽可能的情况下,联合增加垂荡阻尼和纵摇阻尼是抑制纵摇不稳定现象发生的最有效手段,因此在设计 Truss Spar 平台时,要合理选取垂荡板的数量和结构形式,合理布置螺旋侧板的螺距及板高等,以设计出运动性能更为优越的平台。

(4)利用运动随机平均法得到纵摇角的概率密度函数,随着有效波高的越大,较大的纵摇幅值出现的概率也逐渐增大;随着阻尼系数的增加,出现较大的纵摇幅值的概率逐渐降低。

第6章 随机海浪下 Truss Spar 平台整体耦合运动

6.1 引　言

在深海石油生产、钻井和储运方面，深吃水圆柱形的 Spar 平台表现出了很大的优势。由于 Spar 平台吃水较深使其具有良好的运动性能，这一点已通过大量的数值模拟方法和模型试验方法证实，服役在墨西哥湾与北海的 SB-1 平台、Shell′s ESSCO 平台、Brent Spar 平台、Oryx Neptune Spar 平台、Chevron Genesis Spar 平台 和 Diana Spar 平台的现场实测数据也证明了 Spar 平台在深海领域运动的优越性。对于深水浮式平台结构，需要更长、更重的系泊缆绳，从而会产生较大的惯性力和阻尼力，作用在系泊缆绳上的荷载也会大大提高。因此，准确分析深海平台的运动响应必须考虑这些荷载的影响，这样才能准确预报平台整体的运动响应，为平台的安全作业与生产奠定理论基础。

分析 Spar 平台动力学问题时，最常用的方法是准静态方法，这种方法忽略了平台与系泊缆绳之间的耦合作用。而耦合分析则是将系泊缆绳与平台看作一个统一整体，这个方法是考虑系泊阻尼的唯一方法。目前的耦合处理方式为，在导缆孔处以位移、力、速度和加速度耦合并考虑各种非线性因素，通过分析可以得到平台的运动响应以及系泊缆绳的动力响应。当作业海域的水深增加时，系泊缆索和立管的长度就会变长，重量也会进一步增大，系泊系统提供的阻尼会随着水深的增加对平台运动响应的影响越来越大。而准静态的计算方法可能会导致不正确的计算结果。因此，当水深较大时，对浮式平台整体系统进行耦合动力分析同时求解平台主体、系泊缆索和立管的运动方程，忽略耦合作用影响的方法，不能得到平台真实的运动结果。

随着作业水深的逐步增加，深海平台的系泊系统对平台本身的运动影响越来越大。为了降低整个系统的水平运动和过长的系泊缆绳对平台造成的负担，本参考平台的系泊系统为半张紧式系统，系泊方式为分段系泊式，即链—缆—链的结构形式，系泊缆索的最上部和最下部为锚链，中间组成部分为钢缆。经研究表明，分段系泊方式的效率高于全链或全缆组成形式的系泊系统。

本章建立 Truss Spar 与系泊系统的耦合整体模型(平台导缆孔处的位移、速度以及加速度与系泊缆绳顶端处的数值大小相等,导缆孔与缆绳顶端力的大小也相同),将缆绳离散成 n 个含有阻尼器的拉伸弹簧,采用集中质量法建立系泊系统有限元模型。利用广义惯性力、重力、浮力、海底支持力、流体拖曳力及系泊缆绳与主体之间的耦合力,建立平台与系泊系统整体耦合模型的随机运动微分方程,利用 Runge-Kutta 数值迭代算法研究了平台整体系统在随机波浪作用下的动力响应问题,研究系泊缆相关参数(缆绳长度、缆绳直径等)对平台整体运动响应的影响,得出最经济可行的系泊方案。

6.2 系泊缆绳系统模型的建立

如图 6-1 所示建立缆绳的离散计算模型,将缆绳分成 n 段。其中,P_0 为锚固点,$P_1,\cdots,P_k$ 为缆绳离散质量点的数目,相邻两个质量点之间用拉伸弹簧和阻尼器连接。弹簧的刚度 k_j(N/m)可以写成如下形式:

$$k_j = \frac{A_j E_j}{l_j} \quad (j = 1,\cdots,n) \tag{6-1}$$

阻尼系数 C_j(N/m)可以通过试验测得或者可用下列公式进行估算,即:

$$C_j = \zeta \times 2\sqrt{k_j \times m_k} \quad (j = 1,\cdots,n) \tag{6-2}$$

其中,ζ 为阻尼比(此数值在 0~1 之间)。

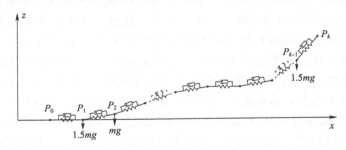

图 6-1 缆绳离散计算模型

除了第一段的质量集中在第一个节点 P_1 上外,缆绳每个分段的质量平均分配到连接两个端点上。缆绳分段 S_k 的长度为 l_k,截面面积为 A_k,单位长度的重量为 ρ_k($k = 1,\cdots,n$)。

局部坐标系示意图如图 6-2 所示。

锚固点 P_0 处的坐标为 (c_1, c_2)

$$OP_0 = c_1^{P_0}(t)\boldsymbol{n}_1 + c_2^{P_0}(t)\boldsymbol{n}_2 \quad (6\text{-}3)$$

$$q_{2(j-1)+i} = \boldsymbol{op}_j \cdot \boldsymbol{n}_i \quad (j = 1, \cdots, n, i = 1, 2) \quad (6\text{-}4)$$

$$u_{2(j-1)+i} = \boldsymbol{v}^{P_j} \cdot \boldsymbol{n}_i \quad (j = 1, \cdots, n, i = 1, 2) \quad (6\text{-}5)$$

其中，$\boldsymbol{v}^{P_j}$ 为缆绳质点 P_j 的速度；$\boldsymbol{n}_1$ 和 $\boldsymbol{n}_2$ 为单位矢量，$\boldsymbol{n}_1 = (1, 0)$，$\boldsymbol{n}_2 = (0, 1)$。缆绳分段 $S_k = P_{k-1}P_k$（$k = 1, \cdots, n$）的局部坐标系如图 6-2 所示，则质点 $P_0, \cdots, P_n$ 的位置矢量为：

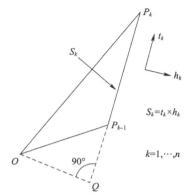

图 6-2　局部坐标系示意图

$$OP_k = \sum_{i=1}^{2} Y_{i,k}\boldsymbol{n}_i \quad (k = 0, 1, \cdots, n) \quad (6\text{-}6\text{a})$$

其中，

$$Y_{i,k} = \begin{cases} c_i^{P_0} & (k = 0) \\ q_{2(k-1)+i} & (k = 1, \cdots, n) \end{cases} \quad (i = 1, 2) \quad (6\text{-}6\text{b})$$

令 $Z_{i,k} = P_{k-1}P_k \cdot \boldsymbol{n}_i = OP_k \cdot \boldsymbol{n}_i - OP_{k-1} \cdot \boldsymbol{n}_i$，则可得：

$$Z_{i,k} = Y_{i,k} - Y_{i,k-1} \quad (i = 1, 2; k = 1, \cdots, n) \quad (6\text{-}6\text{c})$$

令 $Z_{3,k}$ 为分段 S_k 长度变量，其表达式如下：

$$Z_{3,k} = \left(\sum_{i=1}^{2} Z_{i,k}^2\right)^{\frac{1}{2}} \quad (k = 1, \cdots, n) \quad (6\text{-}6\text{d})$$

切向单位矢量为：

$$\boldsymbol{t}_k = \frac{P_{k-1}P_k}{|P_{k-1}P_k|} = \frac{\sum_{i=1}^{2} Z_{i,k}\boldsymbol{n}_i}{Z_{3,k}} = (t_{1,k}, t_{2,k}) \quad (k = 1, \cdots, n) \quad (6\text{-}7)$$

从图 6-2 可知，第 k 分段法向单位矢量 OQ 为如下形式：

$$OQ_k = OP_k - (OP_k \cdot \boldsymbol{t}_k) \cdot \boldsymbol{t}_k = \sum_{i=1}^{2} (Y_{i,k})\boldsymbol{n}_i - \left(\sum_{i=1}^{2} Y_{i,k} \cdot t_{i,k}\right) \cdot \boldsymbol{t}_k \quad (6\text{-}8)$$

缆绳分段 S_k 的法向坐标变量：

$$Z_{3,k} = OQ_k \cdot \boldsymbol{n}_i = \sum_{i=1}^{2} (Y_{i,k}) - \left(\sum_{i=1}^{2} Y_{i,k} \cdot t_{i,k}\right) \cdot t_{i,k} \quad (6\text{-}9\text{a})$$

缆绳分段 S_k 的法向单位矢量：

$$h_k = \frac{OQ_k}{|OQ_k|} = \frac{\sum\limits_{i=1}^{2} Z_{3+i,k} \cdot n_i}{Z_{6,k}} = (h_{1,k}, h_{2,k}) \tag{6-9b}$$

其中,

$$Z_{6,k} = |OQ_k| = \Big|\sum\limits_{i=1}^{2} Z_{3+i,k}^2\Big|^{1/2} \tag{6-9c}$$

定义垂直于切向单位矢量 t_k 和法向单位矢量 h_k 的单位矢量为 s_k,则:

$$s_k = t_k \times h_k \tag{6-10}$$

缆绳离散质点 $P_0, \cdots, P_n$ 的速度为:

$$v^{P_0} = \dot{c}_1^{P_0} n_1 + \dot{c}_2^{P_0} n_2 \tag{6-11a}$$

$$v^{P_j} = \frac{\mathrm{d}}{\mathrm{d}t}(OP_j) = \sum\limits_{i=1}^{2} \dot{q}_{2(j-1)+i} n_i \tag{6-11b}$$

又因为 $\dot{q}_{2(j-1)+i} = u_{2(j-1)+i}$,所以上式也可写成如下形式:

$$v^{P_k} = \sum\limits_{i=1}^{2} \xi_i^k n_i \quad (k = 0, \cdots, n) \tag{6-11c}$$

其中,

$$\xi_i^k = \begin{cases} \dot{c}_i^{P_0} & (k = 0) \\ u_{2(k-1)+i} & (k = 1, \cdots, n) \end{cases} \quad (i = 1, 2) \tag{6-11d}$$

引入变量 $v_r^{P_j}$:

$$v_r^{P_j} = \begin{cases} n_1 & (r = 2j - 1) \\ n_2 & (r = 2j) \quad\quad (j = 1, \cdots, n) \\ 0 & \text{其他} \end{cases} \tag{6-11e}$$

则缆绳离散质点 P_k 的加速度可表示为:

$$a^{P_j} = \frac{\mathrm{d}v^{P_j}}{\mathrm{d}t} = \sum\limits_{i=1}^{2} \dot{u}_{2(j-1)+i} \tag{6-11f}$$

6.3　系泊缆绳荷载计算

6.3.1　广义惯性力

系统的惯性对运动方程的贡献,称为惯性力,用如下公式进行计算:

$$F_r^{*\mathrm{NH}} = \sum\limits_{j=1}^{n} v_r^{P_j} \cdot (-m_j a^{P_j}) \quad (r = 1, \cdots, 2n) \tag{6-12a}$$

其中,上标"NH"表示系统不包括水动力时的惯性,上式也可以写成矩阵的形式:

$$F^{*NH} = -M\dot{u} \tag{6-12b}$$

其中，$\dot{u}$ 为缆绳加速度 $\dot{u}_r$ 的 $2n \times 1$ 的列向量；M 为 $2n \times 2n$ 的对角矩阵，对角上的元素为：

$$M_{2k-2,2k-2} = M_{2k-1,2k-1} = M_{2k,2k} = m_k \quad (k = 1, \cdots, n) \tag{6-13}$$

6.3.2　海底支持力、浮力和重力计算

令 V_j^b 为缆绳第 j 段的分段体积，ρ_f 为周围流体的密度，m_j^b 为缆绳离散质点 P_j 在水中的质量，则由于重力和浮力的作用，m_j 缆绳分段上所受的总力为 $-m_j^b g n_2$，其中，$m_j^b = m_j - \rho_f V_j^b \quad (j = 1, \cdots, n)$。

把海底看作具有阻尼特性和刚度特性的弹性基础，则当系泊系统下部的缆绳与海底接触时，在接触点处会受到沿着海底法线方向的支持力 χ_1^j 和沿着切向方向的摩擦力 χ_2^j：

$$\chi_1^j = \frac{1}{2} k_E (|z_j| - z_j) n_2 \quad \chi_2^j = -\mu_E \frac{1}{2} k_E (|z_j| - z_j) n_1 \quad (j = 1, \cdots, n) \tag{6-14}$$

即：

$$\chi^j = \frac{1}{2} k_E (|z_j| - z_j) n_2 - \mu_E \frac{1}{2} k_E (|z_j| - z_j) n_1 \quad (j = 1, \cdots, n) \tag{6-15}$$

其中，k_E 为海底刚度系数，表示在海底表面缆绳离散质点 P_k 下降单位长度所受的外力；$z_j = OP_j \cdot n_2 = q_{2j}$；$\mu_E$ 为海底阻尼系数，表示缆绳离散质点 P_k 在海底表面由于运动产生的摩擦阻力；$n_1 = (1,0)$ 为海底表面切向方向矢量；$n_2 = (0,1)$ 为海底表面法向方向矢量。注意当缆绳分段在海底之上时，力 χ^j 恒为零，并且与缆绳沉入海底表面的长度成正比。

所以，缆绳所受的合力为切向方向的摩擦阻力 Γ_1^j 和法向方向的海底支持力 Γ_2^j，可以写成如下形式：

$$\begin{cases} \Gamma_1^j = -\mu_E \dfrac{1}{2} k_E (|q_{2j}| - q_{2j}) n_1 \quad (j = 1, \cdots, n) \\[2mm] \Gamma_2^j = -m_j^b g n_2 + \dfrac{1}{2} k_E (|q_{2j}| - q_{2j}) n_2 \quad (j = 1, \cdots, n) \end{cases} \tag{6-16}$$

$$F_r^{GBT} = \begin{cases} \Gamma_1^j \cdot n_1 \\ \Gamma_2^j \cdot n_2 \end{cases} = \begin{cases} -\mu_E \dfrac{1}{2} k_E (|q_{2j}| - q_{2j}) \cdot n_1 \quad (r = 2k - 1) \\[2mm] -m_j^b g n_2 + \dfrac{1}{2} k_E (|q_{2j}| - q_{2j}) n_2 \quad (r = 2k) \end{cases} \quad (j = 1, \cdots, n)$$

$$\tag{6-17}$$

6.3.3 缆绳拉伸内力计算

假设缆绳分段 S_j 的原长为 l_j，其瞬时长度为 $Z_{3,j}$，则其伸长量 $Z_{7,j}$ 为：

$$Z_{7,j} = z_{3,j} - l_j \qquad (6\text{-}18)$$

则由于拉伸张力产生的应变能为：

$$V^{\mathrm{T}} = \frac{1}{2}\sum_{j=1}^{n} k_j Z_{7,j}^2 \qquad (6\text{-}19)$$

其中，k_j 为缆绳分段 S_j 的拉伸刚度。由于缆绳张力产生的广义作用力可以写成如下形式：

$$F_r^{\mathrm{T}} = -\frac{\partial V^{\mathrm{T}}}{\partial q_r} = -\sum_{j=1}^{n} k_j Z_{7,j}\frac{\partial Z_{7,j}}{\partial q_r} \quad (r = 1,\cdots,3n) \qquad (6\text{-}20)$$

上式中，由于缆绳只能承受拉伸作用力不能受压作用力，所以 $Z_{7,j}$ 必须大于零，当其小于零时，缆绳张力为零。

缆绳分段 S_j 的拉伸内力为 $\boldsymbol{F}_{t,j} = k_j Z_{7,j}\boldsymbol{t}_j \quad (j = 1,\cdots,n)$，则缆绳离散质点 P_j 所受的广义拉伸张力为：

$$\boldsymbol{F}_{2(j-1)+i}^{\mathrm{T}} = \begin{cases} \boldsymbol{F}_{t,j+1}\boldsymbol{t}_{j+1}\cdot\boldsymbol{n}_i - \boldsymbol{F}_{t,j}\boldsymbol{t}_j\cdot\boldsymbol{n}_i & (j = 1,\cdots,n-1) \\ -\boldsymbol{F}_{t,j}\boldsymbol{t}_j\cdot\boldsymbol{n}_i & (j = n) \end{cases} \quad (i = 1,2)$$

$$(6\text{-}21)$$

6.3.4 结构阻尼力计算

当缆绳分段 S_j 纵向振动时，缆绳阻尼耗散函数 D^{T} 可写成如下形式：

$$D^{\mathrm{T}} = \frac{1}{2}\sum_{j=1}^{n} C_j \dot{Z}_{7,j}^2 = \frac{1}{2}\sum_{j=1}^{n} C_j \dot{Z}_{3,j}^2 \qquad (6\text{-}22)$$

其中，C_j 为其阻尼系数，当 $Z_{7,j}$ 小于零时，其值为零；$Z_{3,j}$ 和 $Z_{7,j}$ 分别由式(6-9a)和式(6-18)确定。

广义作用力由纵向振动阻尼产生的部分 F_r^{SDT} 可写为：

$$F_r^{\mathrm{SDT}} = -\frac{\partial D^{\mathrm{T}}}{\partial \dot{q}_r} \qquad (6\text{-}23)$$

其中，上标表示张力作用情况下的结构阻尼。

则缆绳 S_j 分段的张力值为：

$$\boldsymbol{F}_{\mathrm{sdt},j} = \frac{C_j}{Z_{3,j}}\left(\begin{bmatrix} Z_{1,j} & Z_{2,j} \end{bmatrix} \cdot \begin{bmatrix} \xi_1^j - \xi_1^{j-1} \\ \xi_2^j - \xi_2^{j-1} \end{bmatrix} \right) \quad (j = 1,\cdots,n) \qquad (6\text{-}24)$$

因此广义力为：

$$
F_{2(j-1)+i}^{\mathrm{SDT}} = \begin{cases} F_{\mathrm{sdt},j+1} t_{j+1} \cdot n_i - F_{\mathrm{sdt},j} t_j \cdot n_i & (j = 1, \cdots, n-1) \\ - F_{\mathrm{sdt},j} t_j \cdot n_i & (j = n) \end{cases} \quad (i = 1,2)
$$

$$(6\text{-}25)$$

6.3.5　缆绳黏性阻力计算

首先确定缆绳 S_j 分段的瞬时位置，则有：

$$
OS_j = \frac{1}{2}(OP_j + OP_{j-1}) = \frac{1}{2}\sum_{i=1}^{2}(Y_{i,j-1} + Y_{i,j})n_i \quad (j = 1, \cdots, n) \quad (6\text{-}26)
$$

假设系泊缆绳的存在不会影响附近流场，定义 S_j 分段中点处的流体速度为 $U_{\mathrm{F}}^{S_j}$，并假设缆绳整个 S_j 分段的速度等于分段中点处的速度，即：

$$
v^{S_j} = \frac{1}{2}(v^{P_j} + v^{P_{j-1}}) = \frac{1}{2}\sum_{i=1}^{2}(\xi_i^j + \xi_i^{j-1})n_i \quad (j = 1, \cdots, n) \quad (6\text{-}27)
$$

则缆绳结构相对于流体的速度为：

$$
v_r^j = v^{S_j} - U_{\mathrm{F}}^{S_j} \quad (6\text{-}28)
$$

利用 Morison 公式可以得到缆绳分段上的黏性阻力，则：

$$
F_D^j = -\frac{1}{2}\rho_f A_{\mathrm{T}}^j C_{\mathrm{DT}}^j |v_r^j \cdot t_j|(v_r^j \cdot t_j)t_j - \frac{1}{2}\rho_f A_{\mathrm{N}}^j C_{\mathrm{DN}}^j |v_r^j \cdot h_j|(v_r^j \cdot h_j)h_j
$$

$$(6\text{-}29)$$

其中，A_{T}^j 与 A_{N}^j 分别为缆绳 S_j 分段切向和法向的有效面积，$A_{\mathrm{T}}^j = \pi d_j l_j$，$A_{\mathrm{N}}^j = d_j l_j$；$C_{\mathrm{DT}}^j$ 与 C_{DN}^j 分别为缆绳 S_j 分段的切向和法向的阻力系数，当缆绳截面为圆形时，各分段的切向、法向阻力系数相同，$C_{\mathrm{DT}} = 0.1$，$C_{\mathrm{DN}} = 1.5$。

令第一分段 S_1 所受的阻力 F_D^1 全部作用在离散质点 P_1 处，对于其他的分段 $S_j(2, \cdots, n)$ 所受的阻力则平均分配到质点 P_j 和 P_{j-1} 上。令 F_r^{D/S_j} 为缆绳 S_j 分段阻力产生的广义作用力，则有：

$$
\begin{cases} F_r^{D/S_1} = F_D^1 \cdot v_r^{P_1} & (j = 1) \\ F_r^{D/S_j} = \frac{1}{2}F_D^j \cdot (v_r^{P_j} + v_r^{P_{j-1}}) & (j = 2, \cdots, n) \end{cases}
$$

$$(6\text{-}30)$$

$$
F_{2(j-1)+i}^{\mathrm{SDT}} = \begin{cases} F_{\mathrm{sdt},j+1} t_{j+1} \cdot n_i - F_{\mathrm{sdt},j} t_j \cdot n_i & (j = 1, \cdots, n-1) \\ - F_{\mathrm{sdt},j} t_j \cdot n_i & (j = n) \end{cases} \quad (i = 1,2)
$$

$$(6\text{-}31)$$

每一质点 p_j 上的总阻力可表示为：

$$F_D^{P_j} = \begin{cases} \left(F_D^1 + \dfrac{1}{2}F_D^2\right) & (j = 1) \\[2mm] \dfrac{1}{2}(F_D^j + F_D^{j+1}) & (j = 2, \cdots, n - 1) \\[2mm] \dfrac{1}{2}F_D^n & (j = n) \end{cases} \qquad (6\text{-}32\text{a})$$

写成向量为：

$$F_{D,i}^{P_j} = \begin{cases} \left(F_D^1 + \dfrac{1}{2}F_D^2\right) \cdot n_i & (j = 1) \\[2mm] \dfrac{1}{2}(F_D^j + F_D^{j+1}) \cdot n_i & (j = 2, \cdots, n - 1; i = 1,2) \\[2mm] \dfrac{1}{2}F_D^n \cdot n_i & (j = n) \end{cases} \qquad (6\text{-}32\text{b})$$

6.3.6 流体动压力（附加质量作用）计算

按如下形式定义矩阵 $[^{S_k}C^N]$，则：

$$[^{S_j}C^n] = \begin{bmatrix} t_{1,j} & t_{2,j} \\ h_{1,j} & h_{2,j} \end{bmatrix} \qquad (6\text{-}33)$$

则有

$$\begin{bmatrix} t_j \\ h_j \end{bmatrix} = [^{S_j}C^n] \cdot \begin{bmatrix} n_1 \\ n_2 \end{bmatrix} \qquad (6\text{-}34)$$

附加质量矩阵在整体坐标系和局部坐标系分别用 $[^nA^{S_j}]$ 和 $[^{S_j}A^{S_j}]$ 表示，两者之间有以下关系：

$$[^nA^{S_j}] = [^{S_j}C^n]^T[^{S_j}A^{S_j}][^{S_j}C^n] \qquad (6\text{-}35)$$

其中，$[^{S_j}A^{S_j}] = \begin{bmatrix} 0 & 0 \\ 0 & A_{22}^j \end{bmatrix}$，且 $A_{22}^j = \rho_f V^{S_j} = C_m \rho_f \dfrac{\pi d_j^2}{4} l_j$。

上式中 C_m 为附加质量系数，当截面缆绳形状为圆形时，一般取 $C_m = 2.0$，则缆绳 S_j 分段上受到的水动压力 H^{S_j} 可以写为：

$$H^{S_j} = H^{I/S_j} + H^{A/S_j} \qquad (6\text{-}36)$$

其中，H^{I/S_j} 为流体对缆绳的惯性力；H^{A/S_j} 为流体附加质量力。

在整体坐标系中，H^{I/S_j} 可以写为：

$$^{n}\boldsymbol{H}^{I/S_j} = [\,^{n}E^{\,S_j}\,]\,\boldsymbol{a}_{\mathrm{F}}^{S_j}$$

$$= \{\rho_f \pi d_j l_j \boldsymbol{I} + [\,^{n}A^{\,S_j}\,]\}\,\boldsymbol{a}_{\mathrm{F}}^{S_j}$$

$$= [\,^{S_j}C^{\,n}\,]^{\mathrm{T}}\{\rho_f \pi d_j l_j \boldsymbol{I}[\,^{S_j}C^{\,n}\,] + [\,^{S_j}A^{\,S_j}\,][\,^{S_j}C^{\,n}\,]\}\,\boldsymbol{a}_{\mathrm{F}}^{S_j} \qquad (6\text{-}37)$$

其中，$\boldsymbol{I}$ 为 2×2 的单位矩阵；$\boldsymbol{a}_{\mathrm{F}}^{S_j}$ 为位于缆绳中点附近的流体质点的加速度，则缆绳 S_j 分段受到的广义流体惯性力为：

$$\boldsymbol{G}_r^{S_j} = \begin{cases} \boldsymbol{H}^{I/S_1} \cdot \boldsymbol{v}_r^{P_1} & (j = 1) \\ \dfrac{1}{2}\boldsymbol{H}^{I/S_j} \cdot (\boldsymbol{v}_r^{P_{j-1}} + \boldsymbol{v}_r^{P_j}) & (j = 2, \cdots, n) \end{cases} \qquad (r = 1, \cdots, 2n) \qquad (6\text{-}38)$$

水动压力的组成部分——流体惯性力广义力为：

$$\boldsymbol{F}_r^I = \sum_{j=1}^{n} \boldsymbol{G}_r^{S_j} \qquad (r = 1, \cdots, 2n) \qquad (6\text{-}39)$$

考虑式（6-36）中的第二项 $\boldsymbol{H}^{A/S_j}$（流体附加质量力），也采用本章所述的集中质量法的思想，将 $\boldsymbol{H}^{A/S_j}$ 作用力分配到离散质点上。其中，点 P_1 上受到第一段缆绳的总的附加质量力和第二段缆绳 $1/2$ 的附加质量力，其余离散质点 P_j 上受到的力为其相邻两个分段附加质量力的 $1/2$ 之和，所以每一个质点 p_j 上所受的附加质量力可以写为：

$$\boldsymbol{H}^{A/P_j} = \begin{cases} \boldsymbol{H}^{A/S_1} + \dfrac{1}{2}\boldsymbol{H}^{A/S_2} & (j = 1) \\ \dfrac{1}{2}(\boldsymbol{H}^{A/S_j} + \boldsymbol{H}^{A/S_{j+1}}) & (j = 2, \cdots, n-1) \\ \dfrac{1}{2}\boldsymbol{H}^{A/S_n} & (j = n) \end{cases} \qquad (6\text{-}40)$$

在整体坐标系中，$\boldsymbol{H}^{A/S_j}$ 可以写成：

$$^{n}\boldsymbol{H}^{A/P_j} = -\boldsymbol{Q}^{P_j}\boldsymbol{a}^{P_j} \qquad (6\text{-}41)$$

其中，

$$[\,Q^{P_j}\,] = \begin{cases} [\,^{n}A^{\,S_1}\,] + \dfrac{1}{2}[\,^{n}A^{\,S_2}\,] & (j = 1) \\ \dfrac{1}{2}[\,^{n}A^{\,S_j}\,] + \dfrac{1}{2}[\,^{n}A^{\,S_{j+1}}\,] & (j = 2, \cdots, n-1) \\ \dfrac{1}{2}[\,^{n}A^{\,S_n}\,] & (j = n) \end{cases} \qquad (6\text{-}42)$$

$\boldsymbol{a}^{P_j}$ 为缆绳离散质点 P_j 处的加速度。

由力 H^{A/P_j}（附加质量力）产生的广义作用力用 F_r^{*H/P_j} 表示，即：

$$F_r^{*H/P_j} = H^{A/P_j} \cdot v_r^{P_j} \quad (j = 1, \cdots, n; r = 1, \cdots, 2n) \tag{6-43}$$

整根缆绳上由附加质量力引起的广义惯性力为：

$$F_r^{*H} = \sum_{j=1}^{n} F_r^{*H/P_j} \quad (r = 1, \cdots, 2n) \tag{6-44a}$$

也可以写成如下形式：

$$F_r^{*H} = M^A \{\dot{u}\} \tag{6-44b}$$

其中，M^A 附加质量矩阵，可联合式(6-42)用下式求得：

$$M^A = \mathrm{diag}(Q^{P_1}, Q^{P_2}, \cdots, Q^{P_n}) \tag{6-44c}$$

6.3.7 系泊系统与平台主体的耦合作用力

为了计算简便，假设缆绳顶端与平台重心重合，通过位移条件和力的边界条件使系泊缆绳与主体耦合。通过牛顿第二定律可知，两者之间的耦合作用力可表示为(本节只考虑了垂荡与纵摇两个自由度的运动，因此耦合力只包含了垂向的力)：

$$F_{\mathrm{couple}} = -M\ddot{\xi}_3 + F_z(t) + F_{K3} \tag{6-45}$$

其中，M 为平台总质量；$F_z(t)$ 为垂向随机波浪力；F_{K3} 为静水回复力，其中考虑纵摇对其的影响，参照第 2 章中的公式。

6.4 随机海浪下 Truss Spar 平台整体耦合分析

6.4.1 平台参数

本节选取的 Truss Spar 平台为 Horn Mountain Spar 平台，其主要的参数见表 6-1。平台系泊示意图如图 6-3 所示。

Truss Spar 平台主体参数   表 6-1

硬舱直径(m)	32.31	纵摇惯性半径(m)	60.96
吃水(m)	153.924	垂荡固有周期(s)	20.8
重心位置(m)	90.39	纵摇固有周期(s)	37.82
硬舱长度(m)	68.88	垂荡线性阻尼	0.0379
垂荡板尺寸(m×m)	32.31×32.31	垂荡非线性阻尼	0.0186
垂荡板间距(m)	23.8	纵摇线性阻尼	0.0145
总排水量(t)	56401.45	纵摇非线性阻尼	0.0154

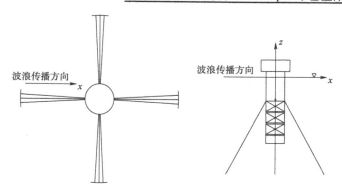

图 6-3　平台系泊示意图

本平台作业水深 1653m,平台的系泊系统考虑采用 4 根系泊缆对称布置的半张紧式形式。缆绳与平台主体的连接点与锚固点的距离为 1800m(水平距离)。系泊缆绳采用链—缆—链的结构形式,系泊缆索的最上部和最下部为锚链,中间组成部分为钢缆,具体系泊参数见表 6-2。Truss Spar 平台与系泊系统的耦合计算模型如图 6-4 所示。

Truss Spar 平台系泊参数　　　　　　　　　　　　　　　表 6-2

参　　数	单　　位	导缆孔处钢链	钢　　缆	海底处钢链
类型		K4 无螺栓	螺旋式	K4 无螺栓
直径	cm	43.83	38.1	43.83
干重	kg/m	3621.6	697.05	3621.6
湿重	kg/m	3470.67	583.11	3470.67
轴向刚度	kN	1730403	1335132	1730403

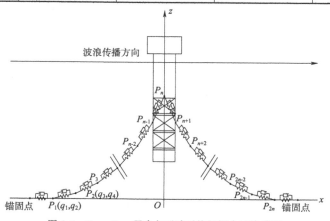

图 6-4　Truss Spar 平台与系泊系统的耦合计算模型

6.4.2　不同系泊参数下的运动响应

缆绳总长度为2400m,上部和底部的钢链长80m,中部的钢缆为2240m,系泊半径为1800m,缆绳水中构型如图6-5所示。

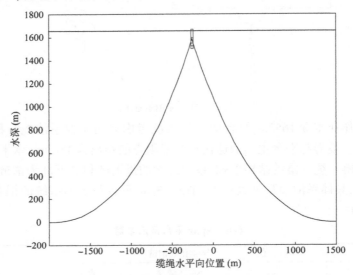

图6-5　系泊半径为1800m时的缆绳水中构型图

上下端钢链的长度不变,变化钢缆部分的长度,得到无外力作用下,平台的垂向静平衡位置。平台静平衡位置与缆绳长度的关系曲线如图6-6所示。

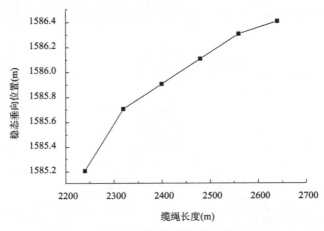

图6-6　平台静平衡位置与缆绳长度的关系曲线

从图 6-6 的结果可以看出,缆绳长度在 2240～2640m 变化,而平台的垂向位置仅改变十几厘米,导缆孔处的预张力则变化较大,如图 6-7 所示。

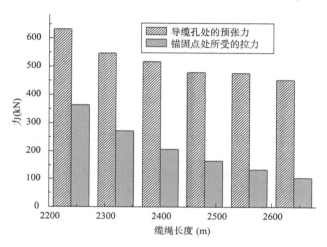

图 6-7　不同缆绳长度时导缆孔与锚固点处的预张力(系泊半径 1800m)

6.4.3　不同环境荷载下的运动响应

6.4.3.1　系泊缆绳对整体系统的运动影响

　　以下计算波浪特征周期为 20s,不同的有效波高下,分别计算考虑系泊系统和不考虑系泊系统影响时 Truss Spar 平台的垂荡和纵摇运动响应,计算结果如图 6-8～图 6-21 所示。

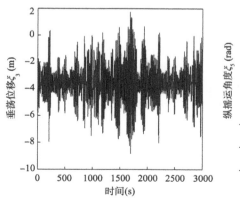
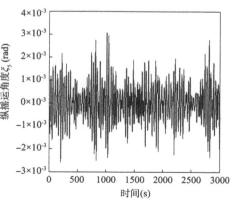

图 6-8　考虑系泊系统时垂荡和纵摇的时间历程($H=3$m)

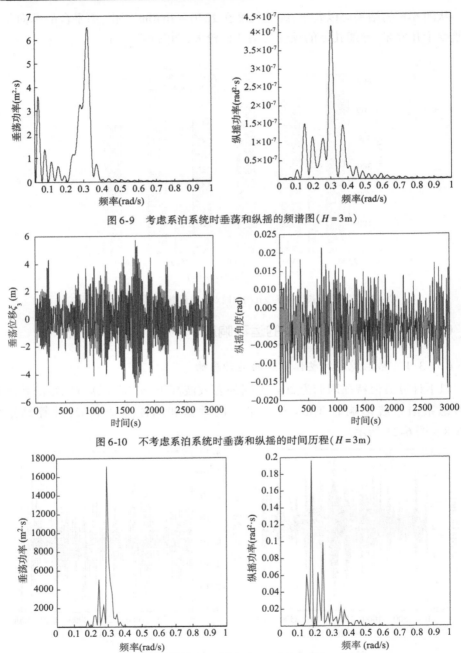

图 6-9　考虑系泊系统时垂荡和纵摇的频谱图($H=3\text{m}$)

图 6-10　不考虑系泊系统时垂荡和纵摇的时间历程($H=3\text{m}$)

图 6-11　不考虑系泊系统时垂荡和纵摇的频谱图($H=3\text{m}$)

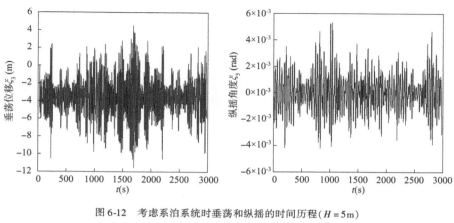

图 6-12 考虑系泊系统时垂荡和纵摇的时间历程($H = 5\mathrm{m}$)

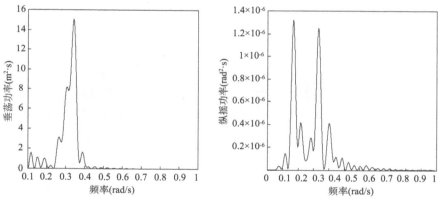

图 6-13 考虑系泊系统时垂荡和纵摇的频谱图($H = 5\mathrm{m}$)

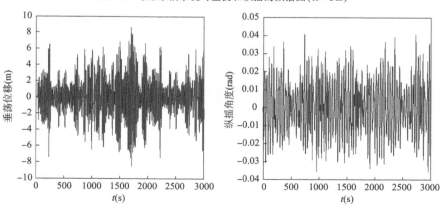

图 6-14 不考虑系泊系统时垂荡和纵摇的时间历程($H = 5\mathrm{m}$)

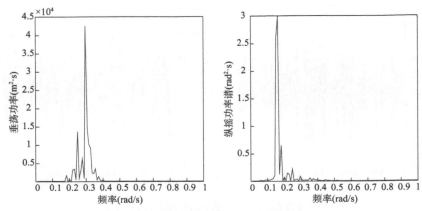

图 6-15　不考虑系泊系统时垂荡和纵摇的频谱图（$H = 5\text{m}$）

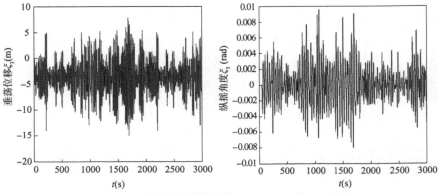

图 6-16　考虑系泊系统时垂荡和纵摇的时间历程（$H = 8\text{m}$）

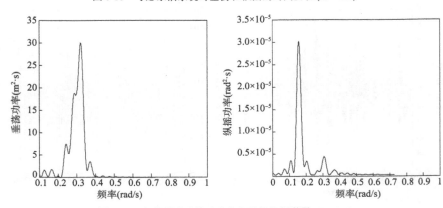

图 6-17　考虑系泊系统时垂荡和纵摇的频谱图（$H = 8\text{m}$）

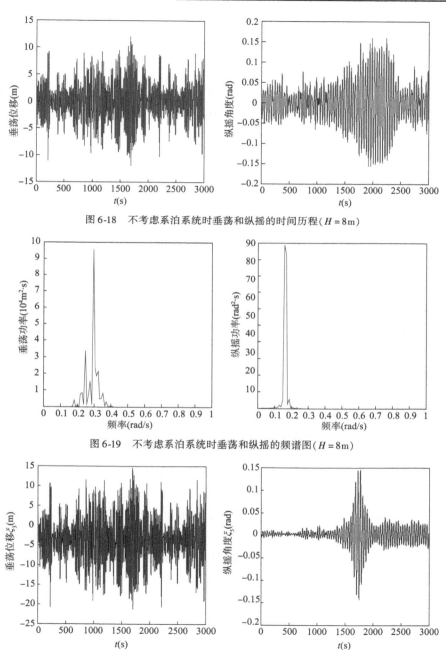

图 6-18　不考虑系泊系统时垂荡和纵摇的时间历程（$H = 8\text{m}$）

图 6-19　不考虑系泊系统时垂荡和纵摇的频谱图（$H = 8\text{m}$）

图 6-20　考虑系泊系统时垂荡和纵摇的时间历程（$H = 15\text{m}$）

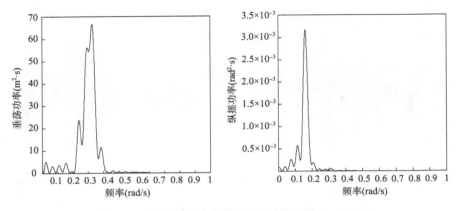

图 6-21　考虑系泊系统时垂荡和纵摇的频谱图($H = 15m$)

从上面的计算结果可以看出：

（1）随着波高的增大，平台的垂荡和纵摇运动的幅值都逐渐增加。考虑系泊系统后，垂荡的运动的幅值大大降低；从图 6-9 可以看出，垂荡运动的主要频率成分为波浪特征频率并伴有低频频率；纵摇运动的主要频率成分为波浪特征频率。但是随着波高增加，如图 6-12 所示，纵摇频谱图中 1/2 倍波浪特征频率和 1 倍的波浪特征频率附近出现峰值。伴着波高的进一步增大，1 倍波浪特征频率的成分逐渐减小，逐渐变为 1/2 倍波浪特征频率，即纵摇运动的固有频率。

（2）不考虑系泊缆绳时，在有效波高为 8m 时，平台出现了大幅纵摇运动，危及平台的作业安全。但是考虑系泊系统时，有效波高为 8m 时，平台的纵摇角度较小，没有发生共振失稳。直到有效波高增大到 15m 时，才会发生大幅纵摇运动。可见，系泊系统可有效抑制平台发生大幅纵摇运动。

这说明考虑系泊系统之后，由于各种非线性因素的存在，使得整体系统的固有周期发生了改变，波浪特征频率不再等于垂荡固有频率，不会发生垂荡主共振运动，随着有效波高的增大，垂荡幅值达到一定数值后，会引起纵摇大幅运动，运动呈现非线性特性。

6.4.3.2　有效波高对平台运动幅值和系缆力的影响

针对波浪特征周期接近垂荡固有周期时的海况，分析了平台运动幅值、系泊缆绳张力与有效波高的关系。有效波高从 3～16m 变化，计算结果如图 6-22～图 6-24 所示。

考虑系泊缆绳对 Truss Spar 平台运动的影响时，平台的运动幅值与有效波高的关系同未考虑缆绳时相同，然而在数值上前者却比后者减小了很多。与规则波时的主共振情况不同,垂荡运动不是达到某一数值后达到饱和,而把能量传递给纵摇模态。随机情况时,垂荡发生大幅运动时,其本身的数值一直随着有效波高的增加而增加(增加的幅度略微降低);遭遇波高达到一定数值后,垂荡运动达到一定的幅度,则纵摇运动不再缓慢变化,而是迅速增长,垂荡与纵摇的耦合非线性关系是产生这种现象的主要原因。系泊缆绳的动态张力随着有效波高的增加而呈线性增加关系。

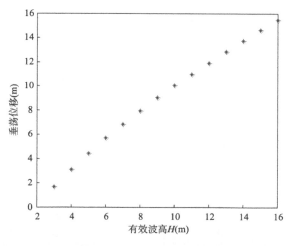

图 6-22　随机垂荡运动幅值

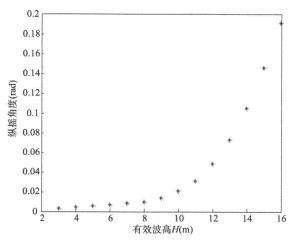

图 6-23　随机纵摇运动幅值

107

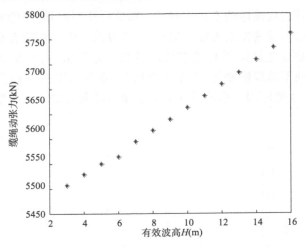

图 6-24　系缆张力幅值与有效波高的关系

如图 6-25 所示为系泊缆绳左右导缆孔处张力的时间历程曲线。

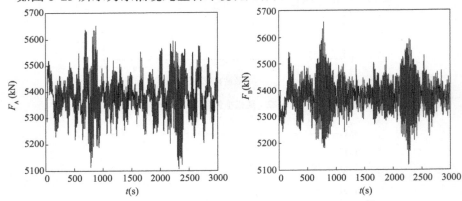

图 6-25　系泊缆绳左右导缆孔处张力的时间历程曲线(有效波高 5m)

6.5　本 章 小 结

本章建立了 Truss Spar 与系泊系统的耦合整体模型,将缆绳离散成 n 个含有阻尼器的拉伸弹簧,采用集中质量法建立了系泊系统的有限元模型;考虑了系泊缆绳所受的各种环境荷载以及同主体之间的耦合力,建立了平台与系泊系统整体耦合模型的随机运动微分方程,通过 Runge-Kutta 数值迭代算法研究了平台整体系统在随机波浪作用下的动力响应问题。得出如下结论:

（1）系泊缆绳的长度对平台垂向平衡位置的影响较小,与平台自身的静水回复力相比,系泊系统产生的回复刚度较小,Truss Spar 平台与系泊系统组成的统一整体的回复刚度主要由平台自身的回复刚度决定,即由平台主体直径决定。

（2）考虑系泊系统后,有效降低了平台的垂荡运动幅值。由于各种非线性因素的存在,使得整体系统的固有周期发生了改变,波浪特征频率不再等于垂荡固有频率,不会发生垂荡主共振运动,随着有效波高的增大,垂荡幅值达到一定数值后,会引起纵摇大幅运动,纵摇频谱图中的 1 倍波浪特征频率的成分逐渐减小,逐步变为 1/2 倍的波浪特征频率,即纵摇运动的固有频率。

第7章　垂荡板结构水动力特性研究

图7-1　某 Truss Spar 平台的
垂荡板结构形式

由于 Spar 平台的结构特征,其垂荡运动阻尼和附加质量很小,因此 Spar 平台垂荡运动的控制一直是 Spar 平台的技术难点。早期的 Spar 平台大圆筒直径大、吃水深,体积庞大,加工和安装困难。近年来提出了桁架式Spar平台的概念,该平台缩小了圆柱体的尺寸,为了改善阻尼特性,安装数层垂荡板。但是,垂荡板的结构形式如何优化,何种垂荡板的结构形式可有效提高垂荡板的阻尼和增大附加质量,减小平台的运动,是目前世界海洋石油工程领域研究的重点技术。

某 Truss Spar 平台的垂荡板结构形式如图 7-1 所示。

7.1　引　言

Truss Spar 平台与传统的 Spar 平台相比,其优越的特点之一就是安装了垂荡板结构,垂荡板的安装大大降低了 Truss Spar 平台主体的垂荡运动,垂荡板带动平台结构周围大量的附加水跟着平台一起运动,即附加水质量,因而增加了结构的总质量,即增加了垂荡的固有周期(在 22~30s 范围内),远离环境波浪周期(15~20s 的范围内)。由垂荡板产生的水动力阻尼对降低平台的垂荡运动也是非常有效的。许多研究和试验表明,垂荡运动中平台的质量大小占主要决定性因素,拖曳力阻尼次之,但由于二次项的原因,拖曳力项在极限海况中是最重要的。

通过前几章的研究发现,垂荡板的水动力性能对 Truss Spar 平台整体的运动性能有着重大影响。而且,目前关于优化垂荡板水动力性能的研究工作还比较少,尤其是如何通过改变垂荡板的形状改善垂荡板水动力性能的研究目前需要进一步开展。因此,本章应用 CFD 方法,通过对 Fluent 软件的二次开发,研究垂荡板运动振幅以及板间距对水动力的影响,同时研究垂荡板不同边缘形式对水动力性能的影响,这些工作对于完善垂荡板的设计理论和方法具有重要意义。

7.2 数值算法介绍

7.2.1 计算流体动力学理论

计算流体动力学的特点就是应用范围较广、适应能力较强。其优越性表现在以下几个方面:一是,流动的控制方程大体上都不是线性的,边界条件和计算区域较为复杂,不容易获得问题的解析解,但是通过 CFD 方法会得到问题的数值解;二是,利用计算机可以迅速而又简捷地进行数值试验,对各种参数下的问题进行模拟;三是,不会受到模型的限制,较为灵活且更为经济,还能模拟一些真实试验时不能达到的物理条件。当然,任何事情都有两面性,CFD 方法也有一些缺点。但总体来说,CFD 理论已经发展的比较成熟,能解决黏性湍流等复杂问题。其基本思想是,把在时间或者空间域上连续分布的速度场或压力场,离散成有限个离散的质点,通过公式推导,针对离散点,建立起其场变量间的代数方程组,通过求解这些方程组近似获得场变量的值[120-121]。

本章使用的 Fluent 软件,其离散方法为有限体积法,即将计算区域划分成一定数量的网格,且各网格点四周没有重复的控制体积;然后对每个控制体积求积分,即对守恒方程的积分形式求解,进而得到离散方程。

流动的流体必须要满足以下的守恒定律,即质量要守恒、动量要守恒以及能量要守恒。如果处于湍流状态时,流体还必须满足湍流运输方程。针对本章研究的湍流状态,在此介绍湍流下的基本控制方程。

$$\text{div}u = 0 \tag{7-1}$$

$$\frac{\partial u}{\partial t} + \text{div}(uU) = -\frac{1}{\rho}\frac{\partial p}{\partial x} + v\text{div}(\text{grad}u) \tag{7-2a}$$

$$\frac{\partial v}{\partial t} + \text{div}(vU) = -\frac{1}{\rho}\frac{\partial p}{\partial y} + v\text{div}(\text{grad}v) \tag{7-2b}$$

$$\frac{\partial w}{\partial t} + \text{div}(wU) = -\frac{1}{\rho}\frac{\partial p}{\partial z} + v\text{div}(\text{grad}w) \tag{7-2c}$$

为了研究脉动对流体运动的影响,应用较多的方法是对时间进行平均的方法,即把湍流运动看作时间平均运动和瞬态脉动运动叠加而成的。为了便于研究和探讨,将脉动分离出来。引入 Reynolds 平均方法,把变量 ϕ 对时间平均的值定义为:

$$\overline{\phi} = \frac{1}{\Delta t}\int_{t}^{t+\Delta t}\phi(t)\,\mathrm{d}t \tag{7-3}$$

其中，ϕ 上标"－"代表对时间的平均值。

令流体运动速度等于时间平均值和脉动值二者之和，即：

$$U = \overline{U} + U'; \quad u = \overline{u} + u'; \quad v = \overline{v} + v'; \quad w = \overline{w} + w'; \quad p = \overline{p} + p' \tag{7-4}$$

将式(7-4)代入式(7-1)～式(7-2c)中，并且对时间求平均值，可以得到湍流状态下时均的控制方程：

$$\mathrm{div}\,\overline{u} = 0 \tag{7-5}$$

$$\frac{\partial \overline{u}}{\partial t} + \mathrm{div}(\overline{u}\,\overline{U}) = -\frac{1}{\rho}\frac{\partial \overline{p}}{\partial x} + v\,\mathrm{div}(\mathrm{grad}\,\overline{u}) + \left[-\frac{\partial \overline{u'^2}}{\partial x} - \frac{\partial \overline{u'v'}}{\partial y} - \frac{\partial \overline{u'w'}}{\partial z}\right] \tag{7-6a}$$

$$\frac{\partial \overline{v}}{\partial t} + \mathrm{div}(\overline{v}\,\overline{U}) = -\frac{1}{\rho}\frac{\partial \overline{p}}{\partial y} + v\,\mathrm{div}(\mathrm{grad}\,\overline{v}) + \left[-\frac{\partial \overline{u'v'}}{\partial x} - \frac{\partial \overline{v'^2}}{\partial y} - \frac{\partial \overline{v'w'}}{\partial z}\right] \tag{7-6b}$$

$$\frac{\partial \overline{w}}{\partial t} + \mathrm{div}(\overline{w}\,\overline{U}) = -\frac{1}{\rho}\frac{\partial \overline{p}}{\partial z} + v\,\mathrm{div}(\mathrm{grad}\,\overline{w}) + \left[-\frac{\partial \overline{u'w'}}{\partial x} - \frac{\partial \overline{v'w'}}{\partial y} - \frac{\partial \overline{w'^2}}{\partial y}\right]$$
$$\tag{7-6c}$$

将关于变量 ϕ 的运输方程也做时均化处理，可得：

$$\frac{\partial \overline{\phi}}{\partial t} + \mathrm{div}(\overline{\phi}\,\overline{U}) = \mathrm{div}(\Gamma\,\mathrm{grad}\,\overline{\phi}) + \left[-\frac{\partial \overline{u'\phi'}}{\partial x} - \frac{\partial \overline{v'\phi'}}{\partial y} - \frac{\partial \overline{w'\phi'}}{\partial z}\right] + S \tag{7-7}$$

仅考虑平均密度的变化，可得出可压湍流平均流动的控制方程。其中，去除了时均值的上标"－"，(除脉动值的时均值外)。

1）连续方程

$$\frac{\partial \rho}{\partial t} + \mathrm{div}(\rho U) = 0 \tag{7-8}$$

2）动量方程(Navier-Stokes 方程)

$$\begin{cases} \dfrac{\partial(\rho u)}{\partial t} + \mathrm{div}(\rho u U) = \mathrm{div}(\mu\,\mathrm{grad}\,u) - \dfrac{\partial p}{\partial x} + \left[-\dfrac{\partial(\rho\,\overline{u'^2})}{\partial x} - \dfrac{\partial(\rho\,\overline{u'v'})}{\partial y} - \dfrac{\partial(\rho\,\overline{u'w'})}{\partial z}\right] + S_u \\[3mm] \dfrac{\partial(\rho v)}{\partial t} + \mathrm{div}(\rho v U) = \mathrm{div}(\mu\,\mathrm{grad}\,v) - \dfrac{\partial p}{\partial y} + \left[-\dfrac{\partial(\rho\,\overline{u'v'})}{\partial x} - \dfrac{\partial(\rho\,\overline{v'^2})}{\partial y} - \dfrac{\partial(\rho\,\overline{v'w'})}{\partial z}\right] + S_v \\[3mm] \dfrac{\partial(\rho w)}{\partial t} + \mathrm{div}(\rho w U) = div(\mu\,\mathrm{grad}\,w) - \dfrac{\partial p}{\partial z} + \left[-\dfrac{\partial(\rho\,\overline{u'w'})}{\partial x} - \dfrac{\partial(\rho\,\overline{v'w'})}{\partial y} - \dfrac{\partial(\rho\,\overline{w'^2})}{\partial z}\right] + S_w \end{cases}$$
$$\tag{7-9}$$

3）其他变量的运输方程

$$\frac{\partial(\rho\phi)}{\partial t} + \mathrm{div}(\rho\phi U) = \mathrm{div}(\Gamma\,\mathrm{grad}\,\phi) + \left[-\frac{\partial(\rho\,\overline{u'\phi'})}{\partial x} - \frac{\partial(\rho\,\overline{v'\phi'})}{\partial y} - \frac{\partial(\rho\,\overline{w'\phi'})}{\partial z}\right] + S$$
$$\tag{7-10}$$

式(7-8)是时均式的连续方程,式(7-9)是时均式的 Navier-Stokes 方程。由于在式(7-3)中采用的是 Reynolds 平均法,因此式(7-9)被称为 Reynolds 时均 Navier-Stokes 方程(Reynolds-Averaged Navier-Stokes,简称 RANS),常直接称为 Reynolds 方程。式(7-10)是标量 ϕ 的时均输运方程。

将式(7-8)~式(7-10)分别写成张量的形式,可得如下公式:

$$\frac{\partial \rho}{\partial t} + \frac{\partial}{\partial x_i}(\rho u_i) = 0 \tag{7-11}$$

$$\frac{\partial}{\partial t}(\rho u_i) + \frac{\partial}{\partial x_j}(\rho u_i u_j) = -\frac{\partial p}{\partial x_i} + \frac{\partial}{\partial x_j}\left(\mu \frac{\partial u_i}{\partial x_j} - \rho \overline{u'_i u'_j}\right) + S_i \tag{7-12}$$

$$\frac{\partial(\rho \phi)}{\partial t} + \frac{\partial(\rho u_j \phi)}{\partial x_j} = \frac{\partial}{\partial x_j}\left(\Gamma \frac{\partial \phi}{\partial x_j} - \rho \overline{u'_j \phi'}\right) + S \tag{7-13}$$

湍流模型中常用的模型之一为标准的 $k\text{-}\varepsilon$ 两方程模型,下面对此做简单介绍。标准 $k\text{-}\varepsilon$ 模型是在湍流模型中的方程模型的基础上,通过引入关于湍流耗散率 ε 的方程后得到的,该模型是目前广泛使用的湍流模型。通过推导 k 方程和 ε 方程可分别写成如下形式:

$$\frac{\partial(k U_j)}{\partial x_j} = \frac{\partial}{\partial x_j}\left[\left(v + \frac{v_t}{\sigma_k}\right)\frac{\partial k}{\partial x_j}\right] + P_k - \varepsilon \tag{7-14}$$

$$\frac{\partial(\varepsilon U_j)}{\partial x_j} = \frac{\partial}{\partial x_j}\left[\left(v + \frac{v_t}{\sigma_\varepsilon}\right)\frac{\partial \varepsilon}{\partial x_j}\right] + c_{\varepsilon 1} P_k \frac{\varepsilon}{k} - c_{\varepsilon 2} \frac{\varepsilon^2}{k} \tag{7-15}$$

其中,$v_t = c'_\mu k^{0.5} l = (c'_\mu \cdot c_D) \cdot k^2 \cdot \dfrac{l}{c_D k^{1.5}} = c_\mu \dfrac{k^2}{\varepsilon}$,且经验系数取值为 $c_\mu = 0.09$、$c_1 = 1.44$、$c_2 = 1.92$、$\sigma_1 = 1.0$、$\sigma_2 = 1.3$;P_k 为湍流动能生成项。

$k\text{-}\varepsilon$ 两方程模型由于考虑了湍流脉动速度的输运和湍流脉动长度的输运,更符合实际情况,因此得到了广泛应用。

7.2.2　水动力系数计算方法

假设垂荡板的位移为:

$$z = A\sin\omega t \tag{7-16}$$

则垂荡板的受力为:

$$F_t = F_0 \sin(\omega t + \varphi) \tag{7-17}$$

经过对上式进行转换,得到如下形式:

$$F_0\sin(\omega t + \varphi) = -\frac{F_0\cos(\varphi)}{A\omega^2}\ddot{z} + \frac{F_0\sin(\varphi)}{A\omega}\dot{z} = -\frac{F_0\cos(\varphi)}{A\omega^2}\ddot{z} + \frac{F_0\sin(\varphi)}{A^2\omega^2}\dot{z}\mid\dot{z}\mid$$

$$(7\text{-}18)$$

其中，A 为振幅；ω 为垂荡板运动的频率；z 为垂荡板的位移；$\dot{z}$ 为垂荡板的速度，$\dot{z} = A\omega\cos(\omega t)$；$\ddot{z}$ 为垂荡板的加速度，$\ddot{z} = A\omega^2\sin(\omega t)$；$\varphi$ 为垂荡板的速度曲线与受力曲线的相位差。

如果物体在流体中做升沉运动，根据莫里森公式，其所受的垂向力 F_z 可以表示为：

$$F_z = \frac{1}{2}\rho C_d L^2 u_z\mid u_z\mid + \rho C_m L^3 \dot{u}_z \qquad (7\text{-}19)$$

其中，ρ 为流体的密度；u_z 为流体质点速度；$\dot{u}_z$ 为流体质点加速度；L 为板长度。第一部分是阻尼力项，第二部分是惯性力项。对照式（7-18）和式（7-19），可以得出莫里森公式中的阻尼力系数和附加质量系数：

$$C_d = \frac{F_0\sin(\varphi)}{\frac{1}{2}\rho L^2 A^2\omega^2} \qquad C_m = \frac{F_0\cos(\varphi)}{\rho L^3 A\omega^2} \qquad (7\text{-}20)$$

上式中的 ρ、L、A 和 ω 都是已知的，只需要得出垂荡板所受垂向力的幅值 F_0 和相位差 φ，即可求得垂荡板的水动力系数 C_d 和 C_m。

7.3　建立有限元模型

在前处理器 Gambit 中建立模型，垂荡板的实际模型并不是表面平整的，上面有很多骨材，并且其表面是有孔的结构，为了简化计算，本章在建立模型时，将其结构简化处理，可看作是普通的平板在流体中的振荡运动[122]。

在 GAMBIT 中建立垂荡板和计算域的模型，进行网格划分，用分块划分和尺寸函数的方法对物面附近的网格进行加密，网格划分如图 7-2 所示。

计算域的确定：计算域的长度和宽度方向是垂荡板尺寸的 6 倍，在垂直方向上是垂荡板尺寸的 40 倍，由于计算问题为垂荡板垂向运动引起的水动力，所以在垂向方向取的倍数较大，避免壁面的影响。

边界条件设置：计算域的左侧为压力入口，压力值设置为零；右侧为压力出口，压力值设置为零；垂荡板表面及计算域的其他几个面作为对称边界处理。

本章应用 CFD 方法，通过求解 Reynolds 时均的 Navier-Stokes 方程，即 Reynolds-Averaged Navier-Stokes 方程，简称 RANS 方程，见式（7-21a）～式（7-21c），获得

垂荡板的水动力系数。

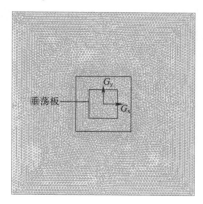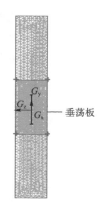

图 7-2 对垂荡板附近的网格加密

$$\frac{\partial \rho}{\partial t} + \frac{\partial}{\partial x_i}(\rho u_i) = 0 \qquad (7\text{-}21\text{a})$$

$$\frac{\partial}{\partial t}(\rho u_i) + \frac{\partial}{\partial x_j}(\rho u_i u_j) = -\frac{\partial p}{\partial x_i} + \frac{\partial}{\partial x_j}\left(\mu \frac{\partial u_i}{\partial x_j} - \rho \overline{u'_i u'_j}\right) + S_i \qquad (7\text{-}21\text{b})$$

$$\frac{\partial(\rho \phi)}{\partial t} + \frac{\partial(\rho u_j \phi)}{\partial x_j} = \frac{\partial}{\partial x_j}\left(\Gamma \frac{\partial \phi}{\partial x_j} - \rho \overline{u'_j \phi'}\right) + S \qquad (7\text{-}21\text{c})$$

其中，u_1,u_2,u_3 分别 x_1,x_2,x_3 方向的速度分量。

本章采用标准 $k\text{-}\varepsilon$ 两方程模型求解黏性流动，控制方程包括连续性方程、动量方程、k 方程和 ε 方程。采用压力基耦合求解器，选择一阶迎风格式的差分格式建立离散化方程。

通过编译用户自定义函数 UDF（User defined functions）来控制垂荡板的运动，利用动网格技术使垂荡板在静止的流场作简谐垂荡运动，将编好的 C 语言程序导入 FLUENT 中，通过编译，就可以把所定义的函数赋给所要运动的边界。

7.4 算 例 分 析

7.4.1 不同板厚垂荡板的水动力性能比较

板厚也是影响垂荡板水动力性能的主要因素之一，本节计算了不同板厚的垂荡板的水动力性能。垂荡板的尺寸：A 结构为 31.5m × 31.5m × 1.0m；B 结构为考虑了将方形板的边缘削斜的结构形式(四周的长宽方向削斜 0.5m,垂直方向上下各削斜 0.25m,这样经削斜后的板在边缘处的板厚也为 0.5m);C 结构为 31.5m × 31.5m × 0.5m。3 种结构侧视图如图 7-3 所示。3 种结构形式所受垂向力的时间历程曲线分别如图 7-4 ~ 图 7-6 所示。

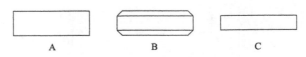

图 7-3　3 种结构的侧视图

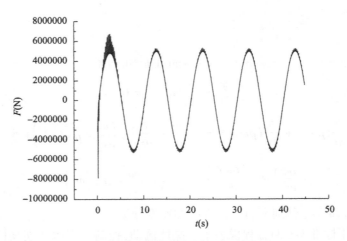

图 7-4　A 结构形式所受垂向力的时间历程

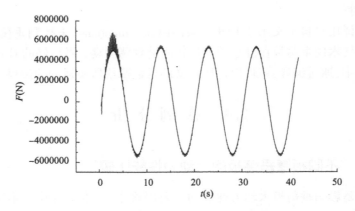

图 7-5　B 结构形式所受垂向力的时间历程

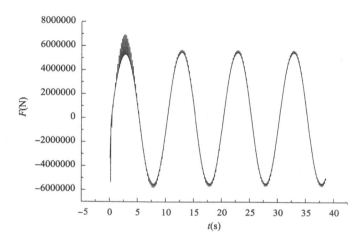

图 7-6　C 结构形式所受垂向力的时间历程

按照 7.2.2 节中水动力系数计算方法,得出以上 3 种结构的附加质量系数和阻力系数,见表 7-1。

不同结构形式垂荡板的 C_d 值和 C_m 值比较　　　　　　　表 7-1

垂荡板的结构形式	A	B	C
C_d	9.85	10.52	10.11
C_m	0.526	0.578	0.554

从计算结果可以看出,水动力性能方面 B 结构 > C 结构 > A 结构。即经过削斜之后,垂荡板的水动力性能明显提高了很多。这是由于经削斜后,垂荡板的上下边缘处出现的旋涡会产生强烈的相互作用,使得旋涡脱落增强,从而使阻尼增大;同时也因为削斜后的垂荡板与水接触的周围增加,产生了更多的旋涡,增大了阻尼。另一方面经削斜后的垂荡板与水接触的表面积增加了,带动了更多的水运动,使得附加质量也增大了。因此,在保证垂荡板的强度需求下,合理布置板厚及垂荡板上的骨材对垂荡板的水动力性能尤为重要。

7.4.2　不同削斜尺寸时水动力性能比较

如图 7-2 所示为 Spar 平台的垂荡板结构。本章提到的削斜方法是在垂荡板的边缘处,将长度(宽度)和厚度方向以不同的尺寸进行削斜,即 a 与 b 的比值。其中 a 为削斜宽度,b 为削斜深度,如图 7-7 所示,a 与 b 的比值范围见表 7-2。

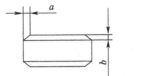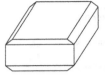

图 7-7　垂荡板削斜示意图

削斜比例(a/b)　　　　　　　　　　　　　　　　　　表 7-2

板厚 0.4m			板厚 0.5m			板厚 0.75m		
1	2	3	2	3	4	4	6	8

　　在本章的研究中,数值模拟了如图 7-3 所示的垂荡板结构的水动力性能,同时计算了不同削斜尺寸的垂荡板的水动力性能。图 7-8 为垂荡板的速度和所受力的时间历程响应曲线,从图中可以看出,垂荡板所受合力的变化周期与速度变化的周期是相同的,不同的是垂荡板的速度和受力的时间历程响应曲线有明显的相位差。垂荡板的受力曲线在峰值处(即运动方向发生变化的时候)有锯齿状跳跃现象,跳跃现象是非线性系统特有的现象之一。在第一个峰值处,跳跃现象比较明显,随着时间的增加,其幅值跳跃逐渐趋于平缓。

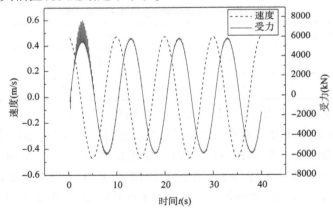

图 7-8　垂荡板的速度和所受力的时间历程响应曲线

　　综上所述,可将垂荡板的受力曲线图近似看作有初始相位的正弦曲线。根据最小二乘法得出正弦曲线在峰值处的值 F_0 和初始相位 φ,这样依据式(7-20)便可计算出 C_m 值和 C_d 值。由于在第一个峰值处,跳跃现象特别明显,为了减小计算误差,相关数据的选取均为后几个峰值的大小。

　　按照表 7-2,对不同削斜尺寸的垂荡板结构进行了数值模拟计算,得出的 C_d 值和 C_m 值分别如图 7-9 所示,其中,a 表示长度和宽度方向的削斜尺寸,b 表示厚度方向的削斜尺寸。

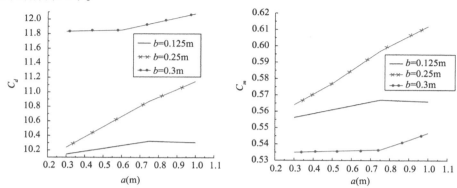

图 7-9　垂荡板不同削斜尺寸时 C_d 值和 C_m 值

从图 7-9 中可以看出,当 b 为 0.3m,垂荡板获得最大的阻力值,b 为 0.125m 时,阻力值最小;而附加质量系数在 $b=0.25$m 时最大。产生这种结果的原因如下。

一是,当垂荡板的边缘削斜以后,其上下板上形成的旋涡之间的相互作用加强,从而使得旋涡脱落增强,因此增大了阻尼。同时,削斜之后,垂荡板与水质点接触的表面积增大,从而可以产生更多的旋涡,也是造成阻尼增大的另一个因素。二是,削斜之后的垂荡板与水质点接触的面积增加,因此可以带动更多的附连水一起运动,因此附加水质量增大。三是,相位差 φ 随着削斜尺寸的增大而增加,所以 $\sin(\varphi)$ 的值增大,而 $\cos(\varphi)$ 的值降低。当相位差 φ 达到一定数值后,尽管力增大了,但 $F_0\cos(\varphi)$ 的值反而减小,因此,$C_m = \dfrac{F_0\cos(\varphi)}{\rho L^3 A \omega^2}$ 的值就会减小,如图 7-9 中 $b=0.3$m 时的情况。

因此,当 a 和 b 在一个合适的范围内,可获得最优的垂荡板水动力性能,同时,计算结果表明板厚方向的削斜尺寸 b 对水动力性能的影响大于板长方向的削斜尺寸 a。综合考虑 C_d 值和 C_m 值两种因素,当板厚方向的削斜尺寸 b 等于 0.25m 时,阻力系数和附加质量系数都较大,因此,削斜尺寸 a 为 1m,b 为 0.25m 的垂荡板结构,可以作为水动力性能较为优越的结构形式参考。应当指出的是,削斜尺寸后的垂荡板结构要满足结构强度的要求。

图 7-10 为削斜尺寸 b 为 0.25m、a 为 0.5m 的垂荡板结构的附加质量系数和阻力系数随着 KC 的变化曲线。从图中可以看出,在一定的 KC 数范围内,C_m 值随着 KC 数的增大而增加,而阻力系数的大小随着 KC 数的增大而减小,且减小的趋势逐渐趋于平缓。

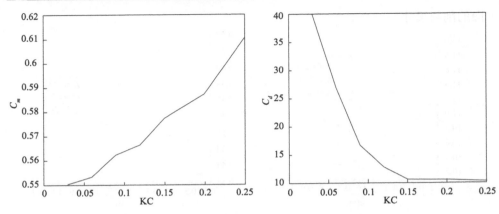

图 7-10　垂荡板的 C_m 值和 C_d 值随着 KC 的变化曲线($b=0.25\text{m}, a/b=2$)

7.4.3　不同倒角角度时水动力性能比较

本章研究的另一种垂荡板的结构形式是倒角的形式(图 7-11),4 个边缘进行不同角度的倒角,计算工况见表 7-3。

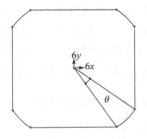

图 7-11　垂荡板倒角示意图

倒 角 方 案　　　　　　　　　　　　　　　　表 7-3

工况 1	工况 2	工况 3	工况 4	工况 5	工况 6
$\theta=5°$	$\theta=8°$	$\theta=10°$	$\theta=12°$	$\theta=16°$	$\theta=20°$

从图 7-12 可以看出,C_d 值和 C_m 值随着倒角的增大而逐渐减小,产生这种现象的原因可能为以下两点:一是,垂荡板与水接触的面积减小,因此将会产生较少的附加质量;二是,垂荡板的边缘进行倒角之后,会产生较少的旋涡,阻力随之降低。从计算结果可知,削斜的垂荡板的水动力性能优于其他结构形式的垂荡板,经过经削斜后,垂荡板的上下边缘处出现的旋涡会产生强烈的相互作用,使得旋涡脱落增强,从而使阻尼增大;同时也因为削斜后的垂荡板与水接触的周围增加,产生了更

多的旋涡,增大了阻尼。另一方面经削斜后的垂荡板与水接触的表面积增加了,带动了更多的水运动,使得附加质量也增大了。但削斜尺寸超过极限值,水动力性能反而降低。从数值模拟的结果可以得出如下结论,削斜之后的垂荡板结构的水动力性能优越与倒角之后的垂荡板结构,削斜技术是改善垂荡板水动力性能的一种有效手段。

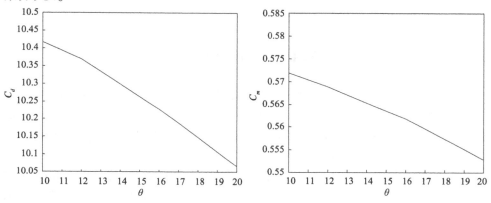

图 7-12　垂荡板不同倒角大小时 C_d 值和 C_m 值

7.5　本 章 小 结

本章应用 CFD 方法,通过对 Fluent 软件的二次开发,分析研究不同边缘形式的垂荡板的水动力性能,发现了水动力性能与垂荡板结构形式有着很大的关系,主要结论如下:

(1)板厚和垂荡板的边缘形式对水动力的影响很大,计算发现经过削斜后的板的水动力性能最为优越。边缘等效厚度相同时,削斜后板的附加质量系数和阻尼力系数比正方形板提高了 10%。因此在设计垂荡板时可将板的边缘部分进行削斜,增加了平台的附加质量和阻尼力系数,从而获得平台良好的运动性能。

(2)通过数值模拟计算不同削斜尺寸的垂荡板结构,发现垂荡板水动力性能优化程度与边缘削斜的尺寸有关,C_d 值随着板长方向的削斜尺寸 a 和板厚方向的削斜尺寸 b 的增大而增大,C_m 而值先增大后减小;并且计算结果表明 b(厚度方向上的削斜尺寸)对水动力系数的影响大于 a(长度方向上的削斜尺寸)。

(3)倒角工况的计算结果表明,C_m 和 C_d 值随着角度的增大而逐渐降低,削斜之后的垂荡板结构的水动力性能优越与倒角之后的垂荡板结构,削斜技术是改善垂荡板水动力性能的一种有效手段。

第 8 章　总结与展望

8.1　工作总结

Spar 平台自从问世以来凭借其优良的运动性能和较低的成本就成为深海石油开采的重要平台结构形式之一,其动力响应特性和稳定性问题是 Spar 平台设计的主要考虑因素。本书针对 Truss Spar 平台在随机波浪作用下的垂荡—纵摇耦合运动特性以及垂荡板的水动力性能进行了研究,主要工作如下:

(1)首先介绍了 Spar 平台的发展过程和结构形式特点,综述了有关 Spar 平台各方面的研究成果和进展,包括平台主体波浪荷载的计算研究、平台动力响应研究、垂荡板水动力性能研究以及系泊系统、立管与平台整体的耦合动力研究,指出了本书的研究内容和目标,为后面的研究指明了方向。

(2)考虑垂荡与纵摇运动模态以及随机波面对垂荡回复力和纵摇回复力矩的影响,根据刚体动力学的理论建立了 Truss Spar 平台两个自由度的随机运动数学模型,并对非线性随机动力学的基本方法进行了简单介绍。

(3)根据绕射理论,推导了作用在平台主体的波浪荷载,得到了平台主体结构上随机波浪力与海浪谱之间的传递函数,以及垂荡板上的波浪力与海浪谱之间的传递函数。根据 Longuet-Higgins 随机波浪模型,通过线性波浪叠加的方法数值模拟了平台主体结构上的随机波浪荷载。针对不同的波浪特征周期和有效波高,分别得到了平台的随机垂荡激励力和随机纵摇激励力矩的时间历程,为后续研究平台在随机波浪下的运动响应提供了外激励参数。

(4)考虑随机波浪力和波面升高的影响,建立了垂荡与纵摇耦合数值计算模型,分别研究了不考虑纵摇影响的垂荡随机运动以及考虑垂荡与纵摇耦合影响的动力响应。针对参考平台垂荡纵摇固有频率的近似 2:1 关系,应用 Runge-Kutta 数值迭代算法,研究了 Truss Spar 平台遭遇不同波浪参数时平台的垂荡运动响应,以及垂荡与纵摇耦合情况下平台的运动响应,并且分析了阻尼等对运动的影响。研究结果表明:当波浪特征频率接近 Truss Spar 平台垂荡固有频率或者垂荡与纵摇固有频率之和时,并且在一定的波高下,随机参强联合激励会造成平台产生大幅纵摇运动,发生垂荡与纵摇参强耦合运动。由于非线性参数激励项的存在,纵摇运动不再是强迫振动,而为 1/2 亚谐运动。当波浪的有效波高相同时,其特征周期越远离垂荡固有周期,垂荡幅值和纵摇幅值越小,发生随机垂荡—纵摇耦合大幅运动的概率也低。若作业区域长周期波较多时,可安装合适数量的垂荡板,既增加了 Truss Spar 平台的垂荡固有周期又提供了较多的垂荡阻尼,避免垂荡主共振运动和耦合大幅纵摇运动的发生。

(5)研究了阻尼因素对垂荡和纵摇运动响应的影响,研究结果表明:当仅增加垂荡运动阻尼或纵摇运动阻尼,纵摇自由度的运动都会降低,但是垂荡自由度的运动则不相同。仅改变纵摇阻尼时,垂荡运动的幅值随着纵摇阻尼的增加逐渐增大,即增大纵摇阻尼会阻止垂荡运动模态的能量向纵摇转移,削弱了垂荡与纵摇之间的耦合作用。在尽可能的情况下,联合增加垂荡阻尼和纵摇阻尼是抑制纵摇不稳定现象发生的最有效手段,因此在设计 Truss Spar 平台时,要合理选取垂荡板的数量和结构形式,合理布置螺旋侧板的螺距以及板高等,以设计出运动性能更为优越的平台。

(6)运用随机动力学理论对 Truss Spar 平台的垂荡运动和纵摇运动进行了研究。将垂荡激励力简化为白噪声与简谐激励的叠加,采用路径积分法计算了随机垂荡运动的概率密度函数,概率密度函数在时域的变化过程具有明显的周期性。同时随着激励幅值的增加,垂荡运动的概率密度函数所具有的周期性也更加明显。采用随机平均法,得到了完全平均的伊藤随机微分方程,求解与之相对应的 Fokker-Planck-Kolmogorov(FPK)方程,得出纵摇角的边缘概率密度函数和稳态联合概率密度函数。计算结果表明:随着有效波高的越大,较大的纵摇幅值出现的概率也逐渐增大;随着阻尼系数的增加,出现较大的纵摇幅值的概率逐渐降低。

(7)建立了 Truss Spar 平台与系泊系统的耦合整体模型,将系泊缆绳离散成 n 个含有阻尼器的拉伸弹簧,采用集中质量法建立了系泊系统的有限元模型。考虑系泊缆绳所受的各种环境荷载以及同主体之间的耦合力,建立了平台与系泊系统整体耦合模型的随机运动微分方程,通过 Runge-Kutta 数值迭代算法研究了平台整体系统在随机波浪作用下的动力响应问题。计算结果表明:系泊缆绳的长度对平台垂向平衡位置的影响较小,与平台自身的静水回复力相比,系泊系统产生的回复刚度较小。考虑系泊系统后,有效降低了平台的垂荡运动幅值,即使有效波高较大时,纵摇运动的幅值也大大降低,有效抑制了平台发生大幅纵摇运动。垂荡幅值随着有效波高的增加,纵摇频谱图中的 1 倍波浪特征频率的成分逐渐减小,逐渐变为 1/2 倍的波浪特征频率,即纵摇运动的固有频率。

(8)应用 CFD 方法,通过对 Fluent 软件的二次开发,分析研究了不同边缘形式的垂荡板的水动力性能,发现了水动力性能与垂荡板结构形式有着很大的关系。计算结果表明:板厚和垂荡板的边缘形式对水动力的影响很大,计算发现经过削斜后的板的水动力性能最为优越。边缘等效厚度相同时,削斜后板的附加质量系数和阻尼力系数比正方形板提高了10%,将垂荡板边缘倒角之后的结构水动力性能也低于削斜的垂荡板结构,并且 b(厚度方向上的削斜尺寸)对水动力系数的影响大于 a(长度方向上的削斜尺寸)。因此,在设计垂荡板时可将板的边缘部分进行削斜,增加平台的附加质量和阻尼力系数,从而获得平台良好的运动性能。

8.2 创 新 点

(1)考虑平台垂荡纵摇固有频率近似2:1内共振关系以及随机波浪力的作用,计及波面升高、瞬时排水体积以及初稳性高的时变影响,建立了随机海浪作用下的垂荡与纵摇耦合非线性随机运动方程,采用绕射理论,根据 Longuet-Higgins 随机波浪模型,通过线性波浪叠加的方法数值模拟了平台主体结构上的随机波浪荷载。

(2)运用非线性随机动力学理论对 Truss Spar 平台的垂荡纵摇耦合运动的随机稳定性进行了研究。研究结果表明:波浪特征频率接近 Truss Spar 平台垂荡固有频率时,并且在一定的波高下,参数联合激励会造成平台产生大幅纵摇运动,导致平台的纵摇运动突然增大,发生垂荡与纵摇参强耦合内共振运动。由于非线性参数激励项的存在,纵摇运动不再是强迫振动,而为 $1/2$ 亚谐运动。计算表明,在尽可能的情况下,增加垂荡阻尼和纵摇阻尼是抑制纵摇不稳定现象发生的最有效手段,因此在设计 Truss Spar 平台时,要合理选取垂荡板的数量和结构形式,合理布置螺旋侧板的螺距以及板高等,以设计出运动性能更为优越的平台。

(3)运用随机动力学理论对 Truss Spar 平台的纵摇运动进行了研究。采用随机平均法,得到了完全平均的伊藤随机微分方程,求解与之相对应的 FPK 方程,得出纵摇角的边缘概率密度函数和稳态联合概率密度函数。计算结果表明:随着有效波高的增大,较大的纵摇幅值出现的概率也逐渐增大;随着阻尼系数的增加,出现较大的纵摇幅值的概率逐渐降低。

(4)应用计算流体动力学的方法,通过对 Fluent 软件的二次开发,分析研究了不同边缘形式的垂荡板的水动力性能,发现水动力性能与垂荡板的结构形式有很大的关系。经过数值模拟研究,开发出了新型的垂荡板结构——削斜形式的垂荡板,这种结构形式的垂荡板的水动力性能得以有效改善。

8.3　对未来工作的展望

Spar平台自从问世以来凭借其优良的运动性能和较低的成本,成为深海石油开采的重要平台结构形式之一。其动力响应特性和稳定性问题是Spar平台设计的主要考虑因素。近年来人们针对Spar平台的动力特性进行了大量研究,但由于平台整体所遭遇的作业环境复杂,以及各结构之间存在着复杂的耦合关系,因此需要更为系统和全面的针对Spar平台与系泊缆绳组成的系统进行研究,在以后的工作中,可以在以下几个方面开展深入研究工作。

(1)立管、浮力罐以及月池对平台整体运动的影响

①立管对Spar平台整体动力响应的影响研究。海底井口和平台主体之间通过海洋立管连接,从而进行油气资源的运输或者石油勘探作业。在深海环境下,海洋立管会发生涡激振动和参数振动,会对立管等结构造成疲劳损害,降低整个平台的疲劳寿命。在进行整体响应计算时,不仅考虑立管与平台之间的耦合作用,还要考虑立管与导向架之间的接触力,即Spar平台垂荡运动的库仑摩擦阻力。

②浮力罐与Spar平台主体之间的耦合动力响应研究。浮力罐是圆柱体结构,导向架与浮力罐接触的地方为圆形开孔。在Spar平台的运动过程中,浮力罐与平台主体之间会发生相对的运动,这对平台主体的运动有着重要的影响(之前曾有服役的Spar平台发生浮力罐破损的事故)。浮力罐与导向架之间的阻尼系数以及浮力罐的水动力系数需要通过模型试验以及理论研究来进一步确定。浮力罐与导向架之间由于空隙存在产生的碰撞问题以及浮力罐的疲劳问题也是未来研究的方向之一。

③月池内部海水的晃荡作用对立管和浮力罐的影响研究。月池中的液体流动往往体现出非常强的随机性和非线性,会引起局部结构振动,从而影响平台的正常作业。因此,在研究Spar平台的运动响应时需要考虑月池内部液体的晃荡对整体的影响。

(2)随机垂荡纵摇耦合稳定性研究

本书仅研究了纵摇运动的随机稳定性,没有考虑随机垂荡运动的影响,在以后的研究中,应该考虑垂荡功率谱,对两个自由度耦合的动力响应应用随机平均法进行分析研究。

（3）张紧式系泊系统的研究

随着海洋采油平台作业水深的逐渐增大,逐渐开始采用张紧式聚酯缆系泊系统。该系统的主要优点是,聚酯缆重量比钢缆轻,且系泊半径范围小,安装简便。目前深海系泊系统多采用质量较轻的聚酯缆索,这种缆索通常具有较大的张力,刚度明显大于半张紧半松弛的钢缆系泊。在以后的研究中,要建立张紧式系泊方式的缆绳模型,这种系泊方式的刚度非线性特性是以后需要研究的一个方向。

参 考 文 献

[1] 黄维平,白兴兰,孙传栋.国外 Spar 平台研究现状及中国南海应用前景分析[J].中国海洋大学学报,2008,38(4):675-680.

[2] 张帆,杨建民,李润培.Spar 平台的发展趋势及其关键技术[J].中国海洋平台,2005,20(2):6-11.

[3] Paganie D. Deeper water opportunities force contractors into unknown territory[J]. Offshore,2003,63(11):62.

[4] 李润培,谢永和,舒志.深海平台技术的研究现状与发展趋势[J].中国海洋平台,2003,18(3):1-5.

[5] Agarwal A K, Jain A K. Nonlinear Coupled Dynamic Response of Offshore Spar Platform under Regular Sea Waves[J]. Ocean Engineering 2003,30:517-551.

[6] Moritis G. New Spar Installed in Gulf [J]. Oil and Gas Journal, 2005, 103(10):51-55.

[7] Korloo J. Design and Installation of a Cost-effective Spar Buoy Flare System[C]// Proceedings of the Offshore Technology Conference. Houston:OTC, 1993,479-482.

[8] Halkyard J, Horton E H. Spar Platforms for Deep Water Oil and Gas Fields [J]. Marine Technology Society Journal, 1996,30(3):3-12.

[9] Lindsey Wilhoit, Chad Supan. Deepwater Solutions and Record For Concept Selection, Offshore Magazine, Houston,2007.

[10] 邱奇.浮筒式平台的设计和建造[C]//中国海洋油气钻采与工程装备高峰论坛,上海,2010.

[11] 赵志明.我国海洋石油工程预装备的发展历程以及展望[C]//中国海洋油气钻采与工程装备高峰论坛,上海,2010.

[12] 董艳秋.深海采油平台波浪荷载及响应[M].天津:天津大学出版社,2005.

[13] 杨雄文,樊洪海.Spar 平台结构形式及总体性能分析[J].石油矿场机械,2008,37(5):32-35.

[14] 石红珊,柳存根.Spar 平台及其总体设计中的考虑[J].中国海洋平台,2007,22(2):1-4.

[15] 徐琦.Truss Spar 平台简介[J].中国造船,2002,43(增),125-131.

[16] Magee Allan, Sablock Anil, Maher Jim, Halkyard John, Finn Lyle, Dutta Indra. Heave Plate Effectiveness in Performance of the Truss Spar[C]//Proceedings of the ETCE/OMAE2000 Joint Conference on Energy for the New Millennium, New Orleans, 2000:367-371.

[17] 吴应湘,李华,曾晓辉.深海采油平台发展现状和设计中的关键问题[J].中国造船,2002,43(增):80-86.

[18] 曾晓辉,沈晓鹏,吴应湘.深海平台分析和设计中的关键力学问题[J].船舶工程,2005,27(5):18-21.

[19] 唐友刚,张素侠,张若瑜.深海系泊系统动力特性研究进展[J].海洋工程,2008,26(1):120-126.

[20] Brebbia C A, Walker S. Dynamic analysis of offshore structures[M]. Newness Butterworths, London, 1979.

[21] 李玉成,腾斌.波浪对海上建筑物的作用[M].北京:海洋出版社,2002.

[22] Williams A N, Demirbilek Z. Hydrodynamic interactions in floating cylinder array-I wave scattering[J]. Ocean Engineering,1988,15(6):549-583.

[23] Williams A N, Demirbilek Z. Hydrodynamic interactions in floating cylinder array-II wave radiation[J]. Ocean Engineering,1989,16(3):217-263.

[24] M H Kim, D K P Yue. The complete second-order diffraction solution for an axisymmetric body. Part 1:monochromatic incident waves[J]. Journal of Fluid Mechanic,1989,200:235-264.

[25] M H Kim, D K P Yue. The complete second-order diffraction solution for an axisymmetric body. Part 2:bichromatic incident waves[J]. Journal of Fluid Mechanics,1990,211:557-593.

[26] V Sundar, S Neelamani, C P Vendhan. Dynamic pressure on a large vertical cylinder due to random waves[J]. Coastal Engineering Journal, 1989,13:83-104.

[27] Kareem A, Williams A N, Hsieh C C. Diffraction of nonlinear random waves by a vertical cylinder in deep water[J]. Ocean Engineering, 1994,21(2):129-154.

[28] Bhatta D D, Rahman M. Wave loadings on a vertical cylinder due to heave motion [J]. International Journal of Mathematics & Mathematic science,1995,18(1):151-170.

[29] Oguz Yilmaz. Hydrodynamic interactions of waves with group of truncated vertical cylinder [J]. Journal of Waterway, Port, Coastal and Ocean Engineering, 1998:

272-279.

[30] Oguz Yilmaz, Atilla Incecik. Analytical solutions of the diffraction problem of a group of truncated vertical cylinder[J]. Ocean Engineering,1998,25(6):385-394.

[31] Haslum H A,Faltinsen O M. Alternative shape of Spar platform s for use in hostile areas[C]//Offshore Technology Conference,OTC 10953,Houston,Texas,1999.

[32] Srkar A,Eatock Taylor R. Low-frequency responses of nonlinear moored vessels in random waves:coupled surge,pitch and heave motions [J]. Journal of Fluids and Structures,2001,15:133-150.

[33] 胡志敏,董艳秋,张建民.张力腿平台波浪荷载计算[J].中国海洋平台,2002, 17(3):6-11.

[34] 柏威,腾斌,邱大洪.三维浮体二阶辐射问题的实时模拟[J].水动力学研究与进展,2003A,18(4):489-498.

[35] Y Drobyshevski. Hydrodynamic Coefficients of a Floating Truncated Vertical Cylinder in Shallow Water [J]. Ocean Engineering, 2004, 31:269-304.

[36] A H TeChet. Design principles for ocean vehicles[R]. Massachusetts Institute of Technology,2005.

[37] Peimin Cao, Jun Zhang. Slow motion responses of compliant offshore structures [J]. International Journal of offshore and polar engineering, 1997, 2:119-126.

[38] Ran Z,Kim M H. Nonlinear coupled responses of a tethered spar platform in waves [C]//Proceedings of the 7th International Journal of Offshore and Polar Engineering,1997,2:111-118.

[39] Jha A K,P R de Jong, Steven R. Winterstein. Motion of Spar buoy in random seas: comparing predictions and model test results[C]//Proceedings of Behaviour of Offshore Structures,1997:333-347.

[40] Chitrapu A S,Saha S,Salpekar V Y. Time domain simulation of Spar platform response in random waves and current[C]//Proceedings of the 17th International Conference on Offshore Mechanics and Arctic Engineering,1998:1-8.

[41] Chitrapu A S,Saha S, Salpekar V Y. Motion response of Spar platform in directional waves and current[C]//Proceedings of the 18th International Conference on Offshore Mechanics and Arctic Engineering, 1999.

[42] Ran Z,Kim M H. Nonlinear coupled responses of a tethered spar platform in waves [C]//Proceedings of the 7th International Journal of Offshore and Polar Engineering,1997,2:111-118.

[43] Petter Andreas Berthelsen. Dynamic response analysis of a truss spar in waves[D]. Newcastle:University of Newcastle,2000.

[44] Nayfeh A H,Mook D T,Marshall L R. Nonlinear coupling of pitch and roll modes in ship motions [J]. Journal of Hydronautics, 1974, 7(4).

[45] Nayfeh A H,Mook D T,Marshall L R. Perturbation-energy approaches for the development of nonlinear equations of ship motion [J]. Journal of Hydronautics, 1974, 8.

[46] Jun B Rho, Huang S. Heave and pitch motions of a Spar platform with damping plate[C]//Proceedings of the 12th International Offshore and Polar Engineering Conference, Kitakyushu, Japan, 2002, 26-31.

[47] Jun B Rho,Huang S. An experimental study for mooring effects on the stability of Spar platform[C]//Proceedings of the 13th International Offshore and Polar Engineering Conference, Hawaii, USA, 2003, 25-30.

[48] Yong-Pyo Hong, Dong-Yeon Lee, Yong-Ho Choi. An experiment study on the extreme motion responses of a Spar platform in the heave resonant waves[C]//Proceedings of the 15th International Offshore and Polar Engineering Conference, Seoul, Korea, 2005,225-232.

[49] Haslum H A,Faltinsen O. M. Alternative shape of Spar platforms for use in hostile areas[C]//Proceedings of the 31st Offshore Technology Conference, Huston, USA, 1999, 217-288.

[50] Zhang L,Zou J,Huang E W. Mathieu instability evaluation for DDCV/SPAR and TLP tendon design[C]//Proceedings of the 11th Offshore Symposium, Society of Naval Architect and Marine Engineer, Houston, USA, 2002, 41-49.

[51] Rho J B,Choi H S. Vertical motion characteristics of truss Spars in waves[C]// Proceedings of the International Offshore and Polar Engineering Conference,2004, 662-665.

[52] B J Koo,M H Kim,R E Randall. Mathieu instability of a Spar platform with mooring and risers[J]. Ocean Engineering,2004,31,2175-2208.

[53] Jun B Rho, Huang S. A study on Mathieu-type instability of conventional Spar platform in regular waves[C]//Proceedings of the 15th International Offshore and Polar Engineering Conference, Seoul, Korea, 2005,104-108.

[54] Yong-Pyo Hong, Dong-Yeon Lee, Yong-Ho Choi. An experiment study on the extreme motion responses of a Spar platform in the heave resonant waves[C]//

Proceedings of the 15th International Offshore and Polar Engineering Conference, Seoul, Korea, 2005,225-232.

[55] 赵文斌.Spar 平台水动力荷载及垂荡—纵摇耦合运动分析[D].天津:天津大学,2007.

[56] 张海燕.Spar 平台垂荡—纵摇耦合非线性运动特性研究[D].天津:天津大学,2008.

[57] 张海燕,唐友刚,谢文会.用改进的变形参数法求解强参数激励 Mathieu 方程[J].天津大学学报,2006,39(11):1289-1292.

[58] John V Kurian, Osman A A,Montasir S P Narayanan. Numerical and model test results for truss spar platform[C]//International Society of Offshore and Polar Engineers, 2009, 21-26.

[59] 赵晶瑞.经典式 Spar 平台非线性耦合动力响应研究[D].天津:天津大学,2010.

[60] 赵晶瑞,唐立志,唐友刚.传统 Spar 平台垂荡—纵摇耦合内共振响应的研究[J].天津大学学报,2009,42(3):201-207.

[61] 高鹏,柳存根.Spar 平台垂荡板设计中的关键问题[J].中国海洋平台,2007,22(2):9-13.

[62] Prislin I, Blevins R, Halkyard J E. Viscous damping and added mass of solid square plates[C]//Proceedings of the 17th International Conference of OMAE, Lisbon, Portugal, 1998.

[63] M J Downie,J M R Graham,C Hall A,et al. An experimental investigation of motion control devices for Truss Spars[J]. Marine Structures, 2000,13:75-90.

[64] Samuel Holmes. Heave plate design with computational fluid dynamics[J]. Journal of offshore Mechanics and Arctic engineering, 2001,123, 1-21.

[65] 纪亨腾,黄国梁,范菊.垂荡阻尼板的强迫振荡试验[J].上海交通大学学报,2003,37(7):977-980.

[66] 纪亨腾,范菊,黄祥鹿.垂荡板水动力的数值模拟[J].上海交通大学学报,2003,37(8):1266-1270.

[67] Thiagarajan Krish P. Influence of heave plate geometry on the heave response of classic saprs[C]//Proceeding of OMAE'02 21st International Conference on Offshore Mechanics and Artic Engineering, 2002:621-627.

[68] Roger R Lu, Jim J Wang,Ellen Erdal. Time domain strength and fatigue analysis of a Truss Spar heave plate[C]//Proceedings of The 13th International Offshore and Polar Engineering Conference Honolulu, Hawaii, USA, 2003.

[69] Keyvan Sadeghi, Atilla Incecik. Tensor properties of added-mass and damping co-efficients[J]. Journal of engineering mathematics, 2005, 52:379-387.

[70] Zhang Fan, Yang Jianmin. Effects of Heave Plate on the Hydrodynamic Behaviors of Cell Spar Platform[C]//Proceeding of the 25th International Conference on Offshore Mechanics and Artic Engineering, 2006.

[71] L Tao, B Molin, Y M Scolan, et al. Spacing effects on hydrodynamics of heave plates on offshore structures[J]. Journal of fluids and structures, 2007, 23(8): 1119-1136.

[72] 吴维武,缪泉明,匡晓峰,等.Spar 平台垂荡板受迫振荡水动力特性研究[J]. 船舶力学,2009,13(1):27-33.

[73] 腾斌,郑苗子,姜胜超,等.Spar 平台垂荡板水动力系数计算与分析[J]. 海洋工程,2010,28(3):1-8.

[74] Huse E. Influence of mooring line damping upon rig motion[C]//Proceeding of 18th offshore Technology, OTC5204, 1986, conference, Houston, USA, 1986. 433-488.

[75] Huse E. New developments in prediction of mooring system damping[C]// OTC6593,1991,291-298.

[76] Huse E, Matsumoto K. Practical estimation of mooring line damping[C]// OTC5676,1988,543-552.

[77] Huse E, Matsumoto K. Mooring line damping due to first and second-order vessel motion[C]//OTC6137,1989,135-148.

[78] Wichers J E W, Huijismans R H M. The contribution of hydrodynamic damping induced by mooring chains on low frequency motions[C]//OTC6218,1990.

[79] M H Kim, Z Ran, W Zheng. Hull/Mooring Coupled Dynamic Analysis of a Truss Spar in Time Domain[J]. International Journal of Offshore and Polar Engineering, 2001, 11(1).

[80] Xiaohong Chen, Jun Zhang, Wei Ma. On dynamic coupling effects between a Spar and its mooring lines[J]. Ocean Engineering, 2001, 28:863-887.

[81] W R Nair, R E Baddour. Three-Dimensional Dynamics of a Flexible Marine Riser Undergoing Large Elastic Deformations[J]. Multi-body System Dynamics,2003, 10:393-423.

[82] 张智.Spar 平台系泊系统计算及波浪荷载研究[D].天津:天津大学,2005.

[83] Pol D. Spanos, Rupak Ghosh, Lyle D. Finn, et al. Coupled Analysis of A Spar

Structure：Monte Carlo and Statistical Linearization Solutions［J］. Journal of Offshore Mechanics and Arctic Engineering，127，2005：11-16.

［84］ Y M Low，R S Langleyb. Time and frequency domain coupled analysis of deepwater floating production systems［J］. Applied ocean research，2006（28）：371-385.

［85］ 肖越. 系泊系统时域非线性计算分析［D］. 大连：大连理工大学，2007.

［86］ 张素侠. 深海系泊系统松弛—张紧过程缆绳的冲击张力研究［D］. 天津：天津大学，2008.

［87］ 张若瑜. 深海 Spar 平台系泊系统有限元分析［D］. 天津：天津大学，2009.

［88］ Mohammed Jameel，Suhail Ahmad，A B M Saiful Islam，et al. Nonlinear Analysis of Fully Coupled Integrated Spar-Mooring Line System［C］//International Society of Offshore and Polar Engineers，2011.

［89］ 朱位秋. 非线性随机动力学与控制研究进展及展望［J］. 世界科技研究与发展，2005.

［90］ Zhu W Q，et al. Response and stability of strongly non-linear oscillators under wide-band random excitation［J］. International Journal of Non-Linear Mechanics，2001，36：1235-1250.

［91］ Huang Z L，et al. Stochastic averaging of strongly nonlinear oscillators under combined harmonic and white noise excitations ［J］. Journal of Sound and Vibration，2002，238（2）：233-256.

［92］ 张丽强. 高维 FPK 方程的数值解法［D］. 浙江：浙江大学，2006.

［93］ 俞聿修. 随机波浪及其工程应用［M］. 大连：大连理工大学出版社，2000.

［94］ Weggel D，Roesset J. Vertical hydrodynamic forces on truncated cylinders，Proceedings of the fourth international offshore and polar engineering conference，Osaka，Japan 1994（3）：210-217.

［95］ F J Fisher，R Gopalkrishnan. Some observations on the heave behavior of spar platforms［J］. Journal of offshore mechanics and arctic engineering，1998，120（4）：221-225.

［96］ Petter Andreas Berthelsen. Dynamic response analysis of a truss spar in waves：Master degree thesis［D］. Newcastle，University of Newcastle，2000.

［97］ Jun B Rho，Hang S Choi. Vertical motion characteristics of Truss Spar in waves ［J］. Proceedings of the 14th（2004）International Offshore and Polar Engineering Conference，Toulon，France，23-28，2004.

［98］ Alok K Jha，P R de Jong，et al. Motion of a Spar buoy in random seas：comparing predictions and model test results[J]. Proceedings of Behaviour of Offshore Structures,333-347,1997.

[99] Basil Theckum Purath. Numerical simulation of the truss spar'HORN MOUTAIN' using couple:Master degree thesis[D]. Texas,Texas A&M University,2006.

[100] V J Kurian,B S Wong,O A A Montasir. Frequency domain analysis of truss spar platform[C]//International Conference on Construction and Building Technology, 2008, 235-244.

[101] 李彬彬,欧进萍. Truss Spar 平台垂荡响应频域分析[J]. 海洋工程,2009, 1(27):8-16.

[102] Liu Liqin, Tang Yougang,et al. Unstability of coupled heave-pitch motions for spar platform[J]. Journal of Ship Mechanics,2009,13(4):551-556.

[103] Zhao Jingrui,Tang Yougang,et al. Nonlinear coupled responses of a classic spar platform in the heave resonant waves[J]. Chinese Journal of Applied Mechanics, 2010,27(1):20-27.

[104] Landau P S,Stratonovich R L. Theory of Stochastic Transitions of Various System between Different States[D]. Proceedings of Moscow University,Series Ⅲ, Vestinik,MGU,33-45.

[105] Khas'minskii R Z. On the Behaviour of a Conservative System under the Action of Slight Friction and Slight Random Noise[J]. Journal of Applied Mathemetics and Mechanics,1964,28(5):1126-1130.

[106] Zhu W Q. Stochastic Averaging of the Energy Envelope of Nearly Lyapunov Syatems[C]//In Proc of the IUTAM symposium on random vibrations and reliability Berlin:Akademie-Verlag,1982.

[107] Roberts J B. Energy method for nonlinear systems with non-white excitation[J]. Proceeding of the IUTAM Symposium,Akademie,Berlin,1983,285-294.

[108] Red-Horse J R,Spanos P D. A generalization to stochastic averaging in random vibration[J]. International Journal of Non-Linear Mechanics,1992,27:85-101.

[109] Bouc R. The power spectral density of response for a strongly nonlinear random oscillator[J]. Journal of sound and vibration,1994,175:317-331.

[110] Dimentberg M,Cai G Q,Lin Y K. Application of quasi-conservative averaging to a nonlinear system under non-white excitation[J]. International Journal of Non-Linear Mechanics,1995,30(5):677-685.

[111] Krenk S,Roberts J B. Local similarity in nonlinear random vibration[J]. Journal

of applied mechanics,1999,66:225-235.

[112] Huang Z L,et al. Stochastic averaging of strongly nonlinear oscillators under combined harmonic and white noise excitations[J]. Journal of sound and vibration, 2002,238(2):233-256.

[113] Blankenship G,Papanicolaou G C. Stability and control of stochastic systems with wide band-noise disturbances [J]. Journal of applied mechanics, 1978, 34: 437-476.

[114] 何成慧,陈文良. 随机参数激励下船舶的横摇运动[J]. 中国造船,1987,1: 36-45.

[115] M Luo,W Q Zhu. Nonlinear stochastic optimal control of offshore platforms under wave loading[J]. Journal of Sound and Vibration,2006,296:734-745.

[116] A K Banik,T K Datta. Stochastic Response and Stability Analysis of Single Leg Articulated Tower[C]//Proceedings of the ASME 22th International Conference on Ocean,Offshore and Arctic Engineering,Cancun,2003.

[117] A K Banik,T K Datta. Stochastic Response and Stability Analysis of Two-Point Mooring System[C]//Proceedings of the ASME 30th International Conference on Ocean,Offshore and Arctic Engineering,Rotterdam,2011.

[118] 朱位秋. 随机振动[M]. 北京:科学出版社,1992.

[119] 朱位秋. 非线性随机动力学与控制:Hamilton 理论体系框架[M]. 北京:科学出版社,2003.

[120] 王福军. 计算流体动力学分析[M]. 北京:清华大学出版社,2004.

[121] 韩占忠,王敬,兰小平. FLUENT 流体工程仿真计算实例与应用[M]. 北京: 北京理工大学出版社,2004.

[122] Liu Liqin,Zhou Bin,TANG Yougang. Study on the nonlinear dynamical behavior of deepsea Spar platform by numerical simulation and model experiment[J]. Journal of vibration and control,2014,20(10):1528-1537.

[123] Yang Hezhen,Xu Peiji. Effect of hull geometry on parametric resonances of spar in irregular waves [J]. Ocean engineering,2015,99:14-22.

[124] Liu Shuxiao,Tang Yougang,LI Wei. Nonlinear random motion analysis of coupled heave-pitch motions of a spar platform considering 1st-order and 2nd-order wave loads[J]. Journal of marine science and application,2016,15(2):166-174.

[125] 韩旭亮,段文洋,马山,等. 系泊 Spar 平台波浪中耦合运动的数值模拟及模型试验[J]. 船舶力学,2016,20(1-2):68-76.

[126] 李伟,唐友刚,曲晓奇,等.Spar平台垂荡—横摇—纵摇非线性动力响应模型试验[J].哈尔滨工程大学学报,2019,40(3):534-539.

[127] 徐兴平,王言哲,汪海.Truss Spar平台多点系泊力学分析[J].中国石油大学学报(自然科学版),2018,42(5):174-180.

[128] Qiao Dongsheng, Yan Jun, Tang Wei, et al. Hydrodynamic analysis of a Spar platform under asymmetrical mooring system[J]. Journal of ship mechanics, 2019, 23 (12):1463-1474.

[129] 许国春,石凡,刘肖佐,等.Truss Spar平台在波流联合作用下运动响应预报方法比较[J].2019,37(3):102-110.